中国高校艺术专业技能与实践系列教材

中国轻工业"十三五"规划教材

服装店铺设计与规划

朱碧空　陈　珊　主　编

朱伟意　路晓丹　副主编

谢　霜　杨晶莹

人民美术出版社

北京

本教材为中国轻工业"十三五"规划教材

图书在版编目（CIP）数据

服装店铺设计与规划 / 朱碧空, 陈珊主编；朱伟意
等副主编. -- 北京：人民美术出版社, 2023.8
中国高校艺术专业技能与实践系列教材
ISBN 978-7-102-09110-5

Ⅰ.①服… Ⅱ.①朱… ②陈… ③朱… Ⅲ.①服装—
专业商店—室内装饰设计—高等学校—教材 Ⅳ.
①TU247.2

中国版本图书馆CIP数据核字(2022)第240890号

中国高校艺术专业技能与实践系列教材
ZHONGGUO GAOXIAO YISHU ZHUANYE JINENG YU SHIJIAN XILIE JIAOCAI

服装店铺设计与规划
FUZHUANG DIANPU SHEJI YU GUIHUA

编辑出版 人民美术出版社
（北京市朝阳区东三环南路甲3号 邮编：100022）
http://www.renmei.com.cn
发行部：(010) 67517799
网购部：(010) 67517743

主　　编 朱碧空 陈珊
副 主 编 朱伟意 路晓丹 谢霜 杨晶莹
责任编辑 徐见 范榕
装帧设计 王珏
责任校对 魏平远
责任印制 胡雨竹
制　　版 朝花制版中心
印　　刷 雅迪云印（天津）科技有限公司
经　　销 全国新华书店

开　本：787mm×1092mm 1/16
印　张：10.25
字　数：112千
版　次：2023年8月 第1版
印　次：2023年8月 第1次印刷
印　数：0001—3000册
ISBN 978-7-102-09110-5
定　价：69.00元
如有印装质量问题影响阅读，请与我社联系调换。 (010) 67517850

CONTENTS
目　　录

项目一　服装店铺设计与规划基础认知

【本章引言】

服装店铺是展示并销售服装服饰类商品的商业空间。随着时代的发展，服装行业市场竞争愈发激烈，顾客对于服装服饰类商品的选择已不再局限于产品价格、功能等因素，产品的技术与设计、品牌的宣传力度与手段、店铺的展示能力与吸引力等因素也对产品的销售产生了巨大的影响（见图 1-1）。

图 1-1　迪赛尼斯杭州文一路店
（图片来源：Idea Book 名店　设计公司：杭州观堂设计　设计师：张健　项目地点：文一路　摄影师：王飞）

店铺的设计与陈列是服装零售业成功与否的关键因素之一。对于现今的服装服饰品牌而言，其旗下的服装店铺能否展示品牌魅力，能否有效地吸引顾客注意，能否更好地达到销售目的已成为其品牌营销企划中的重大课题。

【训练要求和目标】

要求：通过本项目的学习，帮助学生明确视觉营销的概念、视觉营销与店铺设计的关系，掌握服装店铺的分类及常见经营模式。
目标：能够根据本项目所学，对预设服装品牌店铺进行分类，结合服装品牌店铺的经营模式及特点，分析其视觉营销形式的合理性。

【本节要点】

- 视觉营销概念
- 服装店铺的分类及常见经营模式

本项目资料、微课及案例资源可扫描本书后勒口二维码学习。

任务一　服装店铺设计与视觉营销

一、视觉营销

视觉营销（Visual merchandising design，日韩简称 VMD，美国简称 VM）是将商品的政策和战略变成视觉展示，是企业的商品计划、流通、销售等商品战略的一种视觉表现系统。VM 是在舒适的卖场环境中，准确和有魅力地提供商品及其信息的一种销售展示手法。由于其对卖场的运营及商品的组织起着重要的作用，所以也是企业的一种经营管理活动。

服装行业中的视觉营销是将服装服饰类产品、品牌形象或理念等通过视觉媒体进行展示，以达到产品销售的最终目的。事实上，服装视觉营销并不仅仅拘泥于店铺中陈列的商品，同时还力图使顾客接受服装商品背后的品牌与产品的价值。优秀而富有吸引力的服装视觉展示可以给顾客留下深刻的视觉印象，顾客可能不会马上购买其商品，但很有可能会影响到其未来的购买。所以说，在顾客停留在店铺的短暂活动时间内，能够使产品具有吸引顾客视线的魅力，能够使品牌被顾客认识并记忆，就达到了视觉营销的目的（见图 1-2）。

一般而言，全面有效的视觉营销活动主要包含以下工作要素：

1. 空间——通过空间立体视觉效果营造品牌氛围，塑造品牌形象。

2. 平面——通过海报、POP 等平面手段产生视觉冲击。

3. 陈列——通过规范、合理、美观的陈列展示商品，促进销售。

4. 传媒——通过各种传媒手段达到品牌推广的目的。

5. 造型——通过美观、能体现品牌氛围的造型，完成形象的优化整合。

视觉营销活动繁杂多样，并不仅仅拘泥于做好一个广告或设计好一个终端店铺。为便于操作和管理，企业往往将视觉营销分为三大部分：

SD(Store Design)——店铺设计与规划布局。

MP(Merchandise Presentation)——商品陈列形态。

MD(Merchandising)——商品企划。

这三个部分彼此关联，相互影响，其工作关系（见图 1-3）。

图 1-2　EQIQ 精品店
（图片来源：Idea Book 名店　设计公司：蔡明治设计有限公司　项目地点：中国澳门）

总而言之，视觉营销就是"诉诸视觉表现的商品政策，是商品在终端的演出计划"，即在商品还没有上市前，提前计划如何将商品最终呈现在顾客面前的视觉化商品营销系统。

二、视觉营销与店铺设计

终端店铺是以销售商品为目的、向顾客展示商品信息、吸引顾客购买产品的商业设施空间。

根据所展示商品的特征，对店铺进行的设计与规划是以美观为出发点，有序地、有目的性地展示商品魅力的一种必要商业手段（见图1-4）。

店铺形象是顾客在主观上所认知到的一种整体印象，其中掺杂着有形和无形的要素。零售商借由独特的店铺规划设计与清晰持续的形象传达，可以成功地将店铺良好的形象塑造出来，并深植于目标顾客群的心目中（见图1-5、图1-6）。

就服装行业而言，随着人们消费观念的改变，

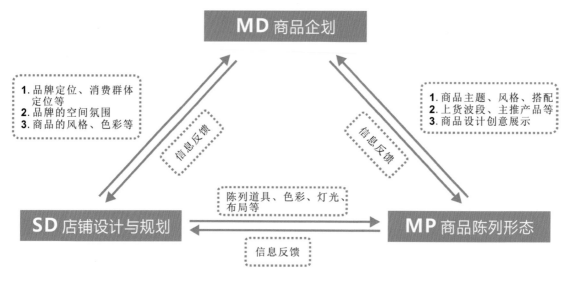

图 1-3　视觉营销中的 SD、MP、MD 三者关系图

图 1-4　Stella McCartney 法国巴黎精品店店内设计
（图片来源：Fashion display design　设计公司：APA　设计师：Sarah Jayne Backen　摄影：Hufton&Crow）

图 1-5　Chanel 英国伦敦精品店
（图片设计师：Peter Marino, Assoc Architects　地址：Brompton Road and Pelham Street, London, England）

图 1-6　Marni Boutique Flagship
（图片来源：Fashion display design　设计公司：Sybarite　摄影：Donato Sardella）

顾客选择产品的关注点已不再只是服装本身。服装的品牌背景、终端的视觉效应等因素也开始左右消费者的购买意愿。终端店铺是品牌与顾客的窗口，其形象直接决定顾客是否购买该品牌产品（见图 1-7）。

与此同时，零售商还希望通过店铺设计达到

图 1-7　Zara Rome

（图片来源：Fashion display design　设计公司：Duccio Grassi Architects　摄影：Andrea Martiradonna）

以下目的：

1. 使顾客享受在店内购物的过程，实际消费额较预期更多。

2. 使顾客愿意花时间探索店内的商品或体验店内的服务，并愿意与店员交流。

3. 使顾客形成对品牌的忠诚，愿意再次光顾。

对于店铺印象，影响顾客的因素有很多：产品的设计和质量、店员的服务水平等。除此之外，还有一个很重要的因素就是店铺本身，店铺所处的商圈和地理位置、店铺的外观设计和店内设计、商品的陈列和氛围的营造等也会对顾客产生深远的影响。

因此，SD（店铺设计与规划）和 MP（商品陈列形态）成为服装视觉营销的工作重点，本书主要就服装店铺 SD（店铺设计与规划）的工作内容，结合 MD（商品企划）和 MP（商品陈列形态）的相关知识展开叙述。

任务二　服装店铺的分类与常见经营模式

店铺是以销售商品为目的、向顾客展示商品信息、吸引顾客购买商品的商业设施空间。顾客生活方式和产品需求的不同，决定了服装零售模式的多样性、复杂性，促使了各种类型服装零售方式的产生。

一、服装店铺的分类

服装零售业常用的分类方式包括如下几种：按照销售业态分，有百货商店、超级市场、仓储式商场、服装街等；按照经营内容分，有品牌专卖店、专营店、精品店、平价店等；按照经营方式分，有单店经营店、品牌企业自营店、连锁加盟店、特许经营店等。与此同时，店铺中所销售商品的类别也是服装店铺进行分类的重要因素：

1. 按顾客特征划分：男装店、女装店、童装店、孕妇产品店等。

2. 按服装穿着划分：内衣店、服饰店、鞋帽店等。

3. 按服装成品类型划分：高级成衣店、成衣店、定制加工店等。

4. 按商品价格划分：顶级奢侈品牌店、高档时装店、中档服装店、低档服装店等。

5. 按服装款式划分：西式时装店、中式服装店、其他地区特色服装店。

6. 按服装经营结构划分：综合商品店、单一商品店、社区式等（见图1-8）。

其中，社区式服装店是指服装品牌或零售商在居民社区中或附近开设的店铺，这是一种介于购物中心和电商之间的模式，这种短途购物很好地弥补了两者的缺陷，既可以降低购物者的时间、体力、精神成本，又不失体验感。近年来，巴拉巴拉等童装品牌以及恒源祥、利郎等国内知名的服装品牌已开始采用这种更贴近顾客的开店方式了。

二、服装店铺常见的经营模式

鉴于品牌服装零售业特殊的商业规律，同时借鉴西方服装品牌零售的店铺特点，可将服装店铺常见的经营模式归结为以下八种：

1. 旗舰店

旗舰店的概念来源于欧美大城市的品牌中心店，即城市中心店或地区中心店。一般而言，旗舰店是某商家或某品牌在某地区繁华地段设置的规模最大、同类产品最全、装修最豪华的商店，通常只经营一类比较成系列的产品或某一品牌的产品（见图1-9）。

图 1-8　华一兄弟时尚生活馆
（图片来源：个人实拍　拍摄地点：武汉黄陂区）

图1-9　杭州上城区奥康湖滨旗舰店

相较于其他模式的店铺，旗舰店由于其功能的特殊性而体现出如下特点：

（1）与本品牌其他零售店铺相比，旗舰店往往位于中心地带且实地面积较大。

（2）一般而言，旗舰店是销售品牌产品类别最全的店铺。

（3）旗舰店的店内装修和陈列最具有时尚性和品牌文化的代表性。

（4）对本品牌其他零售店铺的设计与陈列有示范效应。

通常情况下，由于旗舰店对服装品牌而言具有重要的宣传和示范意义，故而旗舰店的整体店铺设计装修、店内陈列等较之其他零售店铺更具视觉冲击力和表现力。

2. 零售加盟店 / 品牌连锁店

零售加盟店 / 品牌连锁店通常专门经营销售某一品牌的商品，这类店铺的设计与店内陈列有一定的规范性，使顾客产生整齐高端、形象统一之感（见图1-10）。

在加盟和连锁的经营模式下，这类店铺的店铺设计与店内陈列具有如下特点：

（1）店铺设计风格必须与品牌标准一致。

（2）每一季的橱窗展示和产品陈列方案由加盟品牌提供规范性资料。

（3）每一季的店内海报和宣传道具通常由加盟品牌直接提供资料。

3. 品牌折扣店

在满足顾客的同时，也为厂家缓解了库房压力，使过时商品快速流向市场，因此如今很多品牌开始建立品牌折扣店。品牌折扣店是指将过季、过时、断码的品牌服饰产品以低廉的价格集中进行折价销售的店铺。通常为了节约成本，品牌折扣店的店铺设计与店内陈列具有如下特点：

（1）店铺地租相对便宜，专用于集中销售过季或号型不全的商品。

（2）通常店面明确标注有"折扣店"的说明。

（3）相对于同品牌其他零售店，品牌折扣店的店铺设计装修和陈列更为简单。

4. 概念店

概念店的形式起源于欧美，流行于日本，用来形容那些风格独特、具有一定的专业化、创意鲜明的店铺。概念店通常会在店面的装修、产品摆设、陈列设施、店内产品上融合更多的创意和生活理念，让顾客体验到该品牌（设计师）产品的文化内涵，从环境、服务、体验、产品、店面风格、橱窗设计等多方面给顾客带来全新体验（见图 1-11）。

概念店这一店铺经营模式目前在我国刚起步，有着良好的市场空间和发展前景。由于其经营方式的特殊性，概念店通常具有如下特点：

（1）以展示品牌（设计师）的最新、最具创意性设计作品为主。

（2）以展示品牌文化内涵和生活理念为目的，店铺设计体现个性和品牌（设计师）的设计理念。

图 1-10　EQIQ 精品店
（图片来源：Idea Book 名店　设计公司：蔡明治设计有限公司　项目地点：中国澳门）

图 1-11　Nature Factory Japan
（图片来源：Fashion display design　设计师：Makoto Tajiri　摄影：Toshiyuki Yano）

（3）代表品牌（设计师）的产品流行趋势方向。

5. 批发店

批发店主要面对零售商、批发商以及少量零售顾客进行商品批量销售及少量散售的商业空间。批发店通常位于相对集中的街区和商场，如杭州四季青服装批发市场、武汉汉正街服装批发市场等。批发店的店铺设计与店内陈列往往与其他经营模式的店铺具有很大不同，通常具有如下特点：

（1）店铺空间规划以展示区和库房为主，一般不设计试衣间。

（2）店铺装修设计相较于零售店更为简洁直接。

（3）店铺通常处于批发店集中区域，空间相对紧凑。

除上述传统经营模式外，由于生活方式的变化及线上购物的普及，当今服装营销活动急需将线上资源与线下活动紧密结合，使品牌推广更具深度和广度，具有话题性和时尚性。由此，也衍生出了许多新生的店铺经营模式。

6. 体验店

如今"体验"一词在营销市场中使用的频率越来越高，简单来讲，体验就是消费者亲身感受产品的服务和服务带给自己的心理感受。因此体验店与普通店铺相比具有如下特点：

（1）体验店内工作人员训练有素，会根据顾客需要提供专业的搭配意见和店内指引协助；顾客可以参与产品生产制造以及各种主题活动，体验让人愉悦甚至是有成就感的互动应用过程。

（2）体验店的部分商品是为了终端销售、形象展示，部分商品是高端技术产品，会结合品牌特点进行相关功能服务。

（3）体验店会提供个性化产品和区别化服务，通过运用多种体验区域和工具情景来表现体验内涵（见图1-12）。

7. 买手店

买手店不同于传统店铺，其定位更为小众和精准。买手店是基于买手制为目标消费者提供具有概念化、个性化的商品，在外国的相关文献中又被称为"Select Shop"精品店或者"Concept Store"概念店。小众精准的特征使买手店需要更精准地把握店铺顾客画像及购买行为偏好，通过一定技术精准抓取目标消费者的消费客单价、销售额、消费品类、消费频次、消费偏好，在卖场不同区域的停留时间、不同品类产品的试穿率等数据，为买手实现商品高周转和高售罄的采购目标提供数据支持，线上电商平台的商品销售数据同样也可以反哺线下的店铺商品规划，有效提升运营效率。

8. 快闪店

快闪店指在商业发达地区设置的临时性店铺，

图 1-12 Banana in 蕉内体验店

供零售商在比较短的时间内（几天或若干星期）推销其品牌，抓住一些季节性的消费者，因此其也被称为品牌游击店。

快闪店是创意营销模式和零售业的全新结合，它利用品牌文化结合营销主题进行再设计，融入充足的娱乐精神，不断冲击消费者的神经，既让该品牌的忠实顾客不断紧紧追随，又用体验店、艺术展等新的创意吸引源源不断的新顾客。快闪店凭借它经营时间短，店铺样式新颖的特点迅速在时尚尖端城市涌现（见图1-13）。以"中国李宁"为例，它打破常规，刺激了原有的品牌追随者，同时又用"快闪体验店"的新形式吸引更多人的眼球。

三、服装店铺设计与规划的目的与意义

服装店铺设计与规划是服装视觉营销的一个分支，是一种通过视觉表现与造型艺术的手法，对店铺外观设计、店铺内部装潢、店铺气氛营造等一系列具体要素进行有组织的规划，以表达服装产品的特色和品牌文化、设计理念，增加服装商品的吸引力，提升服装的品牌形象，最终达到促进服装品牌推广与商品销售的目的。

在服装店铺的设计与规划中，最主要的目的是为了实施服务与营销、传播企业文化，最终达到促进产品销售的目的。从零售商的角度出发，通过或美观或特别的店铺设计吸引顾客进店，运用服装陈列展示技巧创造引人注目的视觉营销模式，在充分吸引顾客视线的同时也营造了店铺的形象。从顾客的角度出发，根据消费心理，通过服装在店铺内的橱窗、流水台、陈列柜的系列展示，使顾客心情愉悦，乐于购物（见图1-14）。

店铺设计与规划（SD）的另一个重要目的就是传播服装企业的品牌文化、企业形象和品牌理念，这也是视觉营销（VMD）所要展示的重要内容。服装不仅仅是一种可以看到和触摸到的商品，也是一种文化。服装品牌会通过成功的店铺形象塑造意境和氛围，通过美观的商品展示表达企业文化和理念，向顾客传递其特有的品牌文化。

图1-13　Louis Vuitton 线下快闪店
（图片来源：网络个人实拍　项目地点：2022年米兰设计周）

图 1-14　Ferragamo 精品店中令人眼前一亮的商品展示设计
（图片来源：Fashion display design　设计师：Duccio Grassi　摄影：Paolo Codeluppi）

【任务实施】

任务：

调研一家熟悉的店铺，分析该店铺的风格特征及经营模式。

要求：

1. 了解视觉营销与店铺设计的关系。
2. 了解常见的服装店铺类型与经营模式。

项目二　服装店铺的选址与开发

【本章引言】

市场上每天都有许多种类不同的服装店铺开业，开业时热热闹闹，但为什么一段时间之后通常是无声消失，只有少数的店铺能够继续发展下去呢？答案通常不在于那些被淘汰的店铺不努力发展，也不在于其营销策略有误，而在于它们在开业初期没有做好相关店铺的调研，没有科学的、有效的、长期的战略规划，又或是没有在战略规划的基础上协调发展并开展行动。

以上海为例，上海的新商业布局体系中涵盖了 10 大都市商业中心、24 个区域商业中心、10 个特色功能区、24 条风情专业街和 40 多个新型社区，呈现出多中心、超广域、网络状的新商业布局体系。在如此广袤的地域和繁多的区块中，如何选择合适的地址开设店铺，不是一拍脑袋就能决定的，这需要一系列科学合理的调研分析。

【训练要求和目标】

要求：通过本项目的学习，帮助学生明确商圈调研的内容及流程，掌握服装店铺开发流程，了解店铺开发过程中的注意事项。

目标：能够根据预设的服装品牌情况和综合调研结果，结合服装店铺开发相关流程及要点，完成服装店铺开发。

【本节要点】

○　服装店铺选址原则
○　服装店铺开发流程

本项目资料、微课及案例资源可扫描本书后勒口二维码学习。

任务一　服装店铺商圈调研

一、商圈构成

商圈，是指店铺以其所在地点为中心，沿着一定的方向和距离扩展，吸引顾客的辐射范围。以上海为例，这里主要有徐家汇商圈、南京路商圈、浦东商圈、中山公园商圈、五角场商圈、淮海路商圈（见表 2-1）。

一般而言，商圈由核心商业圈、次级商圈和边缘商圈构成。

核心商业圈是离店铺最近，顾客密度最高的地方，约占商店顾客的 50%—80%。次级商圈是指位于核心商圈外围的商圈，辐射半径范围一般在 3—5 千米。边缘商圈是指处于商圈的最外缘，辐射商圈中会有 5%—10% 的消费在本商圈业区内实现。商圈内拥有的顾客最少，而且最为分散。

二、商圈调研主要内容

在为店铺选址时，必须要明确商圈范围，了解商圈内人口因素、市场因素及一些非市场因素的相关资料，并由此评估经营效益，确定大致选址地点。经营者通过对商圈的调研分析，能够了解不同位置的商圈范围、构成及特点，并将之作为店铺选址的重要依据。

三、商圈调研流程

店铺开发前，投资者首先需要预订一个抽样点（预计开设店铺的位置），并对其所在商圈进行调研和研究，调研时需设计一份科学合理的问卷并在区域内发放，同时调研商圈内各项信息，进行统计和分析。

首先，投资者需要确定商圈。商圈确定主要包括商圈地理位置的确定、商圈半径的确定、对

表 2-1　上海六大商圈基本情况分析（数据来源：MobData 研究院整理）

主要商圈 基本属性	徐家汇	南京路	浦东	中山公园	五角场	淮海路
营业面积	50 万平方米	78 万平方米	33 万平方米	65 万平方米	34 万平方米	46 万平方米
主要业态分布	百货店 / 大型购物中心 / 专业街 /3C 卖场	百货店 / 大型购物中心 / 专业店	百货店 / 购物中心 / 专业店	百货店 / 大型购物中心 /3C 卖场	百货店 / 购物中心	百货店 / 专卖店
消费层次	中高端	低中高端	中高端	中端	中端	高端
主要产业	商业 / 餐饮 / 休闲 / 娱乐	餐饮 / 商业 / 商务	商业 / 商务	商业 / 休闲娱乐	商业	商业 / 商务
周边环境特点	交通枢纽	游客聚集	金融中心	交通枢纽	居民和学生	白领小资

商圈进行划分和描述。上述三个部分对于商圈的确定是必不可少的步骤。

确定商圈以后，接下来要对商圈进行评估。商圈评估主要包括对商圈经济状况的整体调研和概述、商圈内居民经济状况的调研和分析、其他经济分析、政策法规分析等诸多内容。

与此同时，还需要对商圈内的竞争环境进行分析，对竞争者进行划分，列出竞争的类型，并对这些竞争类型进行分析。

另外，对消费者进行研究分析和人流监测也是商圈分析中很重要的部分。投资者需要通过调研分析消费者的购买力和消费行为，以及消费者对商圈服务的满意度。人流监测是指选取某一个抽样点，对其人流状况进行分析，其中包括人流总量、人流性别、年龄和职业等因素。

经过上述调研研究，要对商圈进行一个综合性的分析，主要包括商圈机会分析、商业项目的规划与战略发展方向等。

商圈调研具体过程见图2-1所示。

四、商圈调研的意义

商圈调研，对于开设店铺而言极为重要。不同类型的商圈、不同层次的商圈，适合于不同的业态和不同的经营方式。通过一系列的商圈调研工作，投资者可以获得以下信息：

1. 商圈调研可以预估商店坐落地点可能交易范围内的消费人群、流动人口量等人口资料，并通过消费水准预估营业额等消费资料，帮助投资者明确哪些是本店的基本顾客群、哪些是潜在顾客群，力求在保持基本顾客群的同时，着力吸引潜在顾客群。

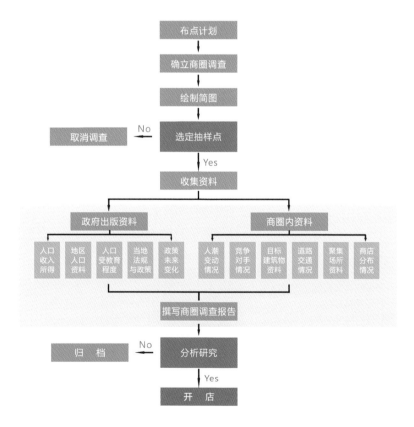

图 2-1　商圈调研流程图

2. 商圈调研可以帮助开店者了解预定门市坐落地点所在商圈的优缺点，从而决定是否为最适合开店的商圈。

3. 全面的商圈调研，可以使投资者了解店铺位置的优劣及顾客的需求与偏好，可作为调整商品组合的依据；可以让投资者根据调研资料订立明确的业绩目标。

通过商圈调研可了解预设商店营业范围内的地理区域，以协助适当零售地点的选择，商圈调研的目的包括：

（1）了解地区居民的人口特性、社会经济变项及生活形态等。

（2）确定产品组合及促销重点。

（3）分析商圈是否重叠。

（4）计算在某一地理区域内应开几家店。

（5）找出商圈内的不足之处，包括道路设施不便、人口拥挤、交通拥塞等。

（6）租税、执照、营运、最低工资及都市区域划分情况。

（7）了解同一地区内同性质的竞争数量及竞争状况、将来的变动趋势、其他店铺位置等信息。

任务二　服装店铺选址原则

服装店选址工作，是需要兼顾整体与细节的。整体方面需要投资者对地段进行周密的调研，而细节的分析同样对选址有很大的影响。选择服装店铺开设地点时，投资者要整体地分析商圈特点，就是要选择能见度高的地点，所以店铺尽量临街而设，并尽可能选址两面或三面临街的路口，增强能见度，并可多设出入口，多设临街宣传橱窗。一些大型公共场所的迎面处都是能见度较高的地点（见图2-2）。

服装店铺的成功经营涉及诸多环节要素，这些环节环环相扣，缺一不可。但在其中最重要的第一个环节便是选址。如果这个首要环节做得不好，即使在后续的订货、陈列、导购管理、销售服务等各方面做得非常好，也很难达到目标销售业绩。

一、服装店铺选址原则

通常在服装店铺选址的过程中，投资者最为看重的往往是人流因素，认为人流量越大就是越好的地段。又或者看租金，认为租金越贵店铺就越好。其实这些认识都比较片面而笼统，找店铺仅仅看人流量或者租金，很有可能就会把投资者带入陷阱：租金贵、成本高、客流量大，但就是进店率低、成交率低、利润低。

总结而言，服装店铺的选址因行业的特殊性，有如下几个需要特别注意的要点：

1. 选择目标消费群聚集的商圈

在选址工作中，人流量固然重要，但更重要

无锡荟聚中心由宜家购物中心运营，与地铁云林站、宜家家居直接连通，位于无锡市锡山区团结中路3号，占地30万平方米，拥有租赁面积约15万平方米，汇集大量国内外知名快时尚品牌，并涵盖了餐饮娱乐，更拥有苏宁、金逸影城以及欧尚超市等主力商户以及近5000个免费停车位。周边有红星美凯龙、百安居、麦德龙等。

图 2-2　江苏省无锡市荟聚商场（图片来源：摄图网　摄影：Harvim）

迪赛尼斯旗舰店位于代表杭城商业特色街"金名片"的武林路。武林路是一个以女性服饰商品为主要经营内容的，具有鲜明个性、丰富内涵、功能完善的大型现代商业文化街区。在这家 7 层楼高的旗舰店楼体的外立面上，网格元素自上而下贯穿整体，一气呵成，营造出外形整体划一的气度。

图 2-3　迪赛尼斯杭州武林路旗舰店
（图片来源：Idea Book 名店　项目设计：杭州观堂设计　设计师：张健　摄影：王飞）

的是，该地段的人流量是不是服装品牌的有效人流量，即目标消费群聚集的地方。

服装行业相较于其他行业有着特殊之处，其中很重要的一点就是服装企业存在鲜明的品牌定位。服装品牌定位主要包括：市场定位、价格定位、形象定位、地理定位、人群定位、渠道定位等。服装行业的品牌定位是从顾客的年龄、职业、社会角色、经济收入、文化背景等要素区分目标消费群，不同的目标消费群去不同的场所选购服装。例如休闲风格低价位的品牌一般适合于学生、刚参加工作且收入不高的群体，而时装风格高价位的品牌一般适合于参加工作时间长、收入较高的群体（见图 2-3）。这两部分顾客的服装选购场所也自然形成了差异：年轻而收入不高的群体喜欢逛人流量大、整体价位比较低的服装店铺集中街区；偏向于昂贵时装的群体喜欢逛购物环境好、配套设施齐全、人流量不太大的场所。例如大学城内的商业街客流量非常大，但假设某奢侈品牌选择在此开设店铺销售，也不会有理想的业绩（见图 2-4）。

整体的商业氛围定位决定客流量的主流定位。上海的休闲装主要分布在南京路，而中高档女装主要分布在淮海路。例如：南京南湖路服装一条街聚集了以年轻、休闲、运动品牌为主的服装，而高档成熟服装品牌则开始慢慢缩减。每到周末，这条街上人来人往，熙熙攘攘，好不热闹。但仔细观察会发现主流客群都是年轻、时尚、个性化比较强的青少年。在这条街经营了十多年的某成熟高档女装品牌店铺的部分老顾客很多时候就因为不方便停车以及环境嘈杂、喧闹等原因不再愿意到这里购物，而更愿意改去德基广场或金

武汉世界城光谷步行街总占地面积 41.79 万平方米，毗邻华中科技大学、中国地质大学、中南民族大学等高校，高新技术开发区和多个商业写字楼，人流量巨大。人群多为学生和普通白领，消费能力有限，故该商圈中开发的服装店铺多为中档品牌、快时尚品牌和精品店，多为时尚休闲风格。

图 2-4　武汉市世界城光谷步行街
（图片来源：摄图网　摄影：射手座 2017）

鹰商场等环境舒适、客流量相对不多的场所进行购物。

2. 选择行业聚集的商圈

在商圈调研中还有一个重要的环节就是对竞争者的调研。从经营上来讲，竞争对手往往会在销售上"分一杯羹"，并给服装的经营带来竞争压力。但从另一方面讲，聚集了同类竞争品牌的商圈也形成了较好的服装销售空间，能够吸引大量的同类目标顾客。特别是二线服装品牌往往喜欢在一线品牌旁边开店，通过高端品牌带动目标消费群的顺带光顾，照顾本品牌的销售，这是有利的一方面（见图2-5）。大型百货商场开业之初会想方设法邀请国际高端品牌入驻，在提高商场档次之余，也是出于这点考虑。

3. 选择人潮会集的商圈

前文中提到，在商圈调研中要实地抽样调研人潮状况，这需要投资者带上秒表、纸笔以及具备洞察能力的"火眼金睛"，站在你要选择的店铺前，如实地记录过往的人流、车流、通过的时间、目标消费群的数量、竞争品牌的进店率等数据，如实观察1至4周的人潮状况数据。最后可采用如下工具表格（见表2-2）进行一定时间段的收集、汇总分析。

（1）"时间段"是指按服装店铺需经营一天时间来算，通常是10：00—22：00。在此经营时间段内以两小时作为测评单位（根据实际需要可做出相应调整），来分析每个不同时间段中，过往的人流、车流以及相关指标的变化。从而判断出该

三里屯位于北京市朝阳区中西部。东起三里屯路，西至新东路，北邻无轨电车二厂，南抵工人体育场北路，因距内城三里而得名。位于北京市朝阳区三里屯路19号院的开放式购物街区三里屯太古里，现已成为北京时尚潮流生活地标。

图2-5 北京三里屯太古里（图片来源：摄图网 摄影：喵星侠）

表2-2 抽样点人潮状况调研记录表

时间段	客流数	车流数	目标顾客数	占比%	主客流方向	竞争对手进店数	"聚客点"数量	备注
10：00—12：00								
12：00—14：00								
14：00—16：00								
16：00—18：00								
18：00—20：00								
20：00—22：00								
22：00—24：00								

地段客流的高峰期和目标顾客的主要集中时间以及客流行走方向等。测评方法在前文中已有详细说明，在此不做赘述。

（2）"客流／车流数量"是指在测评时间段内，经过抽样点的人和车辆的总数量。该指标反映的是：目标店铺位置的商业氛围以及聚客能力水平。古语说"一步差三市"，这与人流动线有关，人们往往会顺着人流走，经常是马路对面，甚至拐个弯，生意就会差很多。特别是出现隔离带、河流沟渠等障碍物（前文中有详细介绍），顾客就很可能不会过来消费。

（3）"目标消费群数量"是指经过抽样点的人群中属于该服装品牌的目标客户的人数。例如：投资者要设立一个面向青少年的时尚女装店，那么在抽样点经过的人流中，儿童、男性、中老年女性就不属于目标消费群。从"目标消费群数量"指标中可分析出该店铺的针对性如何。如果这个指标的占比数据越高，则反映该抽样点经营服装的成功概率也越高。

（4）"主客流方向"是指该店铺门口的人行街道上，来往两个方向中，人流行走的侧重方向。

这个指标对于该店铺开业后的陈列展示有非常重要的作用，这部分的内容将在后文中做专题介绍。

（5）"竞争对手的进店数量"一定程度上可以反映出同类产品经营的适应性。如果竞争对手门脸、橱窗和灯光都没有大问题，进店率却很低，也就说明了这条街针对目标消费群的适应性存在问题，如此可以在后续该店铺的经营中，对比自己与竞争对手的进店率，从而切实找到经营上的差距。

（6）"聚客点"是指聚集客流的地点，如公交车站、地铁站、出租车站、百货商场、大型超市、停车场、休闲娱乐广场、带横道线的十字路口等。聚客点越多，说明人流量越大，人气越旺（见图2-6）。

4. 其他影响因素

服装店选址还有诸多细节问题，例如店面的朝向。朝西的店面夏天阳光照射过强，朝北的店面在冬天易受北风侵袭。还有诸如运输与仓储、附近的气味、两侧店铺经营的产品类型、上一个店铺租户是否有纠纷、城市规划、法律法规等，都是在选址时应考虑的问题。

武汉市江汉路步行街交通便利，南有长江渡轮码头，中部贯穿地铁，北有轻轨和大型商超，附近有多个公交站点和百货商场。

图 2-6　武汉江汉路步行街地图

二、服装店铺位置分析

店铺的具体位置,也称为"口岸",口岸的"位"指店铺所处的区域、地点、场所、位置,包括大位、中位和小位。大位决定店铺吸引顾客的潜在能力,中位和小位在一定程度上能决定潜在顾客是否愿意光临店铺所处的位置。

1. 大位

大位是指所研究城市的商业零售格局,可以分为四部分:核心圈、延伸圈、副圈和孤点。

(1) 核心圈,即城市里最集中、最繁华的商业零售区域。

(2) 延伸圈,即核心圈的外围区域。

(3) 副圈,即城市里次集中、次繁华的零售区域。

(4) 孤点,即城市里单独形成的集中、繁华商业零售区域。

2. 中位

中位是指大位中的具体位置。由于可以从不同角度分为八类,在实地调研中,可按下表如实记录并评估口岸的情况(见表2-3)。

3. 小位

小位是指店铺在所在区域中的相对位置。可以分为三类:门区、道区和深角区。

(1) 门区:指位于店铺区域出入口的位置。

(2) 道区:指位于店铺区域中间地段或中心地段的位置,它往往是顾客出行的必到区域或目的区域。

表2-3 中位分类方法与释义表

序号	名称	释义	说明
1	台岸	以店铺所在道路路面为标准,需要上阶梯的店铺	台岸和凹岸都会在一定程度上阻碍消费者的光顾,减损顾客数量
	凹岸	要下阶梯的店铺	
2	阳岸	正面朝向街道而且空间完全开阔的店铺	阴岸的展示度不及阳岸,不利于被消费者看到
	阴岸	背后或侧面朝向街道或者空间被遮蔽	
3	礁岸	旁边有顾客敬而远之的场所或商品的店铺,如垃圾场、花圈店等	礁岸人流量往往因此原因而稀少,祥岸则人气兴旺
	祥岸	店铺旁边没有大众反感的商品或场所,甚至有吸引大众的商品或场所的店铺	
4	花岸	现在繁华,但即将衰败的店铺	需要实地观察店铺周围营业情况,关注政府规划以预测商圈未来走向
	蕾岸	现在冷清或繁华但即将繁华或更加繁华的店铺	
5	金岸	街道两侧,繁华的一边	并不是所有街道都一边为金岸,另一边为草岸
	草岸	相对冷清的一边	
6	过岸	人流在经过店铺时,只有少数进入店内,大多数人流只是路过	需要实地观察人流情况,统计进店率以判断店铺情况
	驻岸	多数人流进入的店铺	
7	群岸	旁边有较多其他类型经营者的店铺	一般而言,群岸优于孤岸,因为群岸有助于形成商气、会集人气从而带来财气
	孤岸	没有或很少其他类型经营者的店铺	
8	熟岸	所在地已被消费者所知晓和认同的店铺	需要实地观察人流情况,记录人流动线和进店率以判断店铺情况
	生岸	消费者知之甚少或不认同的店铺	

（3）深角区：指位于店铺区域内偏僻角落或离区域中心较远的位置。

小位主要是用于对店铺集中的市场中，其各店铺相对位置的优劣情况进行评价。如百货公司同一楼层中的各个铺位，服装集中区内的各个铺位等。也同样可以用该指标的思想来评价某个区域各店铺相对位置的优劣。

任务三　服装店铺开发流程

服装店铺开发是在项目开发可行性分析的基础上，根据店铺业态定位和经营策略，有计划性地安排开业前的准备活动及开业后的一系列跟进活动的过程。服装店铺开发流程大体如下（见图 2-7）。

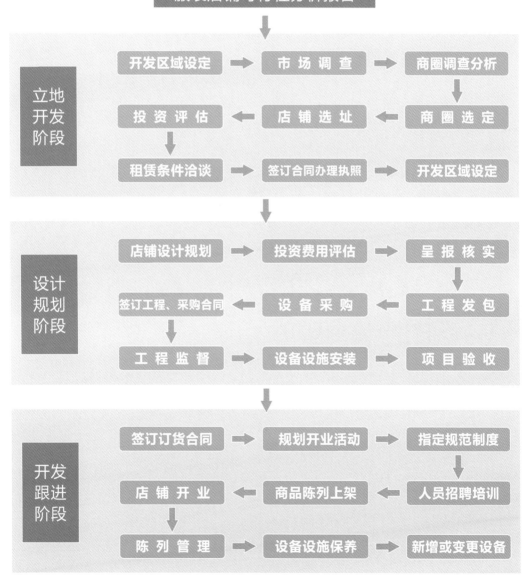

图 2-7　服装店铺开发流程

服装店铺的开发根据店铺的地域、店铺的经营模式、销售的产品类型等因素，具体操作流程会有所差异，但总体而言，开发阶段的流程及注意事项如下：

一、店铺开发可行性分析

在投资的筹划阶段到正式开发之前，投资者需根据实际情况进行客观、科学、完整的可行性分析，以指导自身的投资行为和后期的经营行为。

二、店铺立地开发阶段

在完成了店铺开发的可行性分析，确定了开发指导思想并落实投资开发资金后，投资者的投资行为首先进入立地开发阶段。本阶段的重点是圈定商圈确定店址（见图2-8），由于商圈与店址对店铺经营影响巨大，店铺的租购成本高、店址一旦确定后很难在短期内修改和迁移、签订合同及申请执照等手续繁杂，因此，本阶段投资者需慎重地进行研究和分析。

三、店铺设计规划阶段

在设计规划阶段，投资者需在立地开发阶段的工作基础上，充分考虑店铺的实际情况和具体经营方式，预先制定店铺设计规划思路和方案（见图2-9），并估算投资费用、呈报核实，其后寻找可靠的工程承包公司和设备设施供应商签订工程及设备设施采购合同。在工程施工的过程中，投资者需实时实地监督工程进展情况，指导工程承包公司进行设备设施的安装，最后投资者需对工程进行审核

上海市第一百货商店

上海市第一百货商店位于上海市黄浦区南京东路、西藏中路东北角。坐落于"中华第一街"南京路的上海市第一百货商店是新中国成立后的第一家国有百货零售企业，商店共有八个楼面，营业面积21400平方米，主要经营日用百货、服装、针棉织品、皮具鞋类、家具等大类商品。

江汉路步行街

江汉路步行街是中国最长的步行街，有"天下第一步行街"的美誉，位于湖北省武汉市汉口中心地带，全长1600米，宽度为10—25米，是集商业、文化、风情等于一体的景观大道。江汉路交通便利，与地铁2号线、6号线贯通，逐步向国际著名商业大道看齐。

图 2-8　商圈、店址的选择对于店铺日后的经营能够产生深远的影响

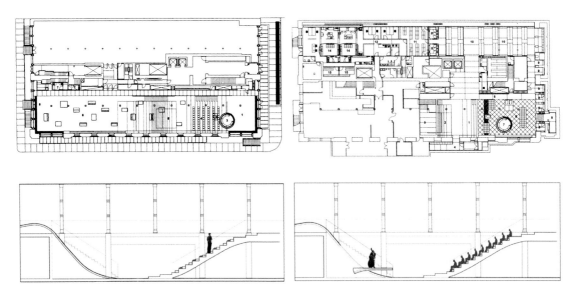

图 2-9　美国纽约 Prada 形象店的平面规划图、下沉式展厅结构图
（项目设计：Metropolitian Architecture Office, Architecture Research Office）

验收。设计规划阶段中，投资者的工程监督工作十分重要，可以使工程实施过程中有变化及时修改，有问题及时解决，有错误及时调整。总体而言，设计规划阶段的工作需注意以下四个要点：

1. 建筑设计规划

建筑设计规划的工作重点主要包括以下三个方面：

（1）店铺配置及面积的确定

投资者在对建筑面积的运用上，应根据资金状况、管理体制，对卖场面积、后勤设施的空间和配置及将来扩建的可能性进行整体规划。同时，投资者在进行设计规划的过程中还需对建筑法规的规定事项、周围的环境状况、建筑施工的安全问题等统筹考虑。

（2）店铺平面规划的确定

为使店铺面积得到最有效的运用，投资者需确定卖场规划与货位布局，将店铺进一步划分为导入空间、销售空间、服务空间等。同时，对顾客出入口、员工出入口、商品出入口、安全出口、商品运送动线、顾客动线、后勤动线等都应充分考虑（见图 2-10）。

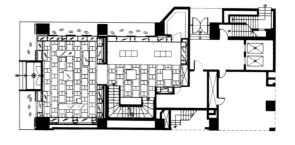

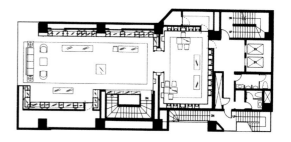

图 2-10　CHANEL 日本大阪旗舰店平面规划图
（案例来源：New Stores in USA 2　项目设计：Peter Marino, Assoc Architects, Ossaka, Japan 2001）

（3）建筑物外观的确定

为使整个建筑物具有视觉吸引力且能加深顾客的印象，投资者需对建筑物外观设计及使用的外立面建材进行充分考虑，使店铺不单具有能容纳必备商品和遮风挡雨的功能性要求，更具有商业视觉营销的要求（见图2-11、图2-12）。

2. 设备规划

店铺常规设备主要包括空调设备、供水排水设备、电力照明设备、通信网络设备、运送设备、消防安全设备等。

3. 装潢设计规划（见图2-13）

装潢设计规格需配合商品特性与店铺营销定

东京新宿 UNIQLO（优衣库）旗舰店

　　该店铺位于日本东京时尚中心——新宿。其建筑外观设计充分考虑了优衣库品牌特色，用极简的几何构形和时尚的建材，打造了极具视觉冲击力的店铺建筑风格。

图 2-11　优秀建筑外观设计欣赏——UNIQLO 日本东京旗舰店

（案例来源：Fashion Display Design　项目设计：Gwenael Nicolas　设计公司：Curiosity）

CHANEL 日本大阪旗舰店外立面设计采用显示屏结合玻璃幕墙，清晰展现品牌 logo 与店内陈设。强烈的灯光刺激，加上动态的荧屏显示，使得店铺外立面极具视觉张力，易于加深顾客对该店铺的第一印象。

CHANEL 日本大阪旗舰店平面规划建筑物外观设计图

图 2-12　优秀建筑外观设计欣赏——CHANEL 日本大阪旗舰店外立面
（案例来源：New Stores in USA 2　项目设计：Peter Marino, Assoc Architects, Ossaka, Japan 2001）

英国伦敦新邦德街 Louis Vuitton 旗舰店

　　店铺在街角处将卡通的五芒星装饰物制作成向两侧爆炸的外立面装置，其上点缀花朵和 LV 字样，构成店铺招牌。

　　旗舰店内部被分割成若干分区，地面铺以沙色石砖，墙面、天花板悬挂莎拉·克朗纳（Sarah Crowner）和坎帕纳兄弟（Campana Brothers）的作品，以高纯度的色彩和有趣的结构为店铺增添了活力。

图 2-13　店铺装潢设计优秀案例欣赏——英国伦敦 Louis Vuitton 旗舰店设计
（案例来源：SOHO 设计区　项目设计：Peter Marino, Tracy Emin, Campana Brothers
摄影：Stephane Muratet）

位，主要包括：

（1）对天花板、墙壁、立柱、地面等色彩和材料的确定和使用。

（2）照明设备的种类、位置及配置方式的合理确定。

（3）陈列道具的适用场合及样式色彩的准确选用。

（4）顾客动线的引导及店铺通道设计。

（5）店铺内防止意外事件的紧急出口、消防安全设备等均应配合设备规划加以安排。

4.关联设施建设规划

在店铺的关联设施规划（如停车场、配送中心、员工休息室等）方面，不但要考虑资金的运用情况，还要考虑与店铺本身的关联性。

四、店铺开发跟进阶段

在进行店铺施工的同时，投资者可进行一系列的开发跟进活动，包括与服装厂商或品牌签订订货合同、设计制定开业宣传计划、制定店铺管理及人员管理的制度规范、进行人员招聘和培训等。店铺施工完成后投资者可组织店内工作人员按照店铺陈列方案进行商品上架配货及店铺陈列搭配活动（见图2-14），组织进行开业宣传活动。在店铺正式开业后需开展系统的陈列管理工作。

位于吉林市北大湖滑雪场的始祖鸟专卖店，作为加拿大海岸山脉极端环境的运动品牌，在店铺设计与商品陈列中，一反以往商业设计的狭义程式，聚焦用户在滑雪活动中的自然体验。店铺大面积采用自然木质材料，点缀粗犷的深灰色石材，令建筑回归原始风貌观感。

步入店中，中心区域伫立的硕大冰川装置令人震撼，装置晶莹剔透的肌理，中和木质材料的"温暖"质感，产生激烈的冲突，既创造了视觉焦点，又与室外的冰天雪地消除了界限，为店铺增加舒缓的艺术气息。围绕冰川，店铺巧用暖黄色灯光柔化氛围，为沿墙陈列的商品渲染出"穿上就暖和了，不惧冰雪"的感受。

图2-14　吉林市始祖鸟北大湖店
（案例来源：SOHO 设计区　项目设计：尚洋艺术 STILL YOUNG　摄影：SFAP）

【任务实施】

任务：

结合商圈调研流程及内容，对位于某商业街区店铺进行商圈调研和实地抽样调研，完成抽样点人潮状况记录表，分析店铺位置对品牌的影响，完成商圈分析评估报告和数据模型。

调研品牌及经营范围不限。

要求：

1. 了解商圈构成，明确商圈范围，了解商圈内人口因素及市场因素。

2. 绘制商圈简图，并加以文字说明。

3. 了解服装店铺选址原则、影响因素。

4. 以小组为单位进行相关品牌不同地段实地抽样调研，整理相关数据，组与组之间进行分析交流。

项目三　服装店铺设计与规划调研

【本章引言】

前课中，我们学习了服装店铺选址与开发的基础知识，正所谓"纸上得来终觉浅，绝知此事要躬行"，为了对所学知识有更实际的认知，也为了承接后续课程的学习，做到理论联系实际，可以组织一次调研活动。

本次服装店铺设计与规划调研需要对正在运营的品牌店铺进行实地考察与研究分析。调研的主要内容有：

1. 品牌基础信息。

2. 店铺营运情况（店铺选址分析、运营情况分析）。

3. 店铺设计与规划（店铺外观设计、店内设计规划）。

4. 店铺维护情况。

调研前，首先需要明确调研目标，收集品牌相关资料，罗列采访提纲，做到心中有数。调研时，在获得许可的情况下，对店员进行采访，并拍摄店内照片。调研后，绘制平面图，并整理分析所获资料，撰写报告。

【训练要求和目标】

要求：通过店铺调研，帮助学生充分理解服装店铺开发选址的要点，掌握品牌定位与店铺选址、设计的关联。

目标：能够通过调研活动获取信息，通过资料的分析整理加深对前课理论知识的理解。

【本节要点】

◎　理解服装品牌定位对店铺选址、设计的影响

◎　整理资料，分析优缺点

本项目资料、微课及案例资源可扫描本书后勒口二维码学习。

任务一　服装店铺设计与规划调研要点

要想了解服装店铺设计开发的实际情况，使理论知识与行业实际实现有效的结合，最好的办法就是做好经常性的调查研究工作。

只有对实体店铺进行调查与研究，才能得到直接来自第一线的翔实资料。服装店铺设计与规划调研活动可分为三大板块：

一、文案调研

确定调研对象后，首先需要通过网络和图书等搜索品牌资料，主要包括：

1. 品牌介绍。

2. 商品品类分析。

3. 商品价格线分析。

4. 顾客定位等。

在此过程中，思考后期实地调研需要采集的资料，并罗列提纲，以及询问采访中需要向店员提出的问题。

二、实地调研

服装店铺设计与规划的实地考察调研，主要采用询问法和观察法两种形式。在实地调研前需做好准备工作，包括询问的问题、需要采集的资料，建议提前与店长确认是否能进行采访和拍摄。

1. 询问法

询问法是调查人员通过各种方式向被调查者发问或征求意见，以此搜集信息的一种方法。采用此方法时的注意点：所提问题确属必要，被访问者有能力回答所提问题，访问的时间不能过长，

询问的语气、措辞、态度、气氛必须合适。在询问前应先列好清单，关于销售数据的问题建议不要直接提出。

在服装店铺设计与规划调研中，需问及的问题主要有：

（1）店铺的形状、面积，开间进深及层高。

（2）商圈基本情况，人口所占比率。

（3）该店铺的定位，该处主要消费者的消费习惯。

（4）对比竞争对手，该店铺的优势和劣势。

（5）因定位的不同，该店与同品牌其他连锁店在设计上的差异。

（6）橱窗更新频率，本季橱窗的主设计主题及产品信息。

（7）店铺的分区空间划分情况，顾客进店后的动线。

（8）店铺的维护情况及要求。

（9）店员形象标准等。

在实际调研活动中，可在上述问题的基础上，根据实际需要增加其他问题，采访时注意作好记录。

2. 观察法

观察法是调查人员在调研现场，直接或通过仪器观察、记录，以获取信息的一种调研方法。在服装店铺设计与调研活动中，需要实地考察记录的信息，主要有：

（1）商圈的基本情况，店铺所在建筑情况，周围环境及周边的店铺。

（2）店铺的选址情况，来往顾客的基本情况。

（3）定点观测、统计客流量、进店量、成交率等数据。

（4）店铺外观设计情况。

（5）店铺内部空间划分及顾客在店内活动情况。

（6）店铺设计情况，最好实地触摸店铺的地板、

墙壁、展具等。

（7）店铺区域陈列情况。

（8）店内的光照、气味、音乐等氛围营造情况。

（9）室内的空气及温度情况。

（10）店员的形象及服务话术、仪容仪表等。

在观察过程中，注意拍照。拍照时尽量保持工整，做到横平竖直。若照片位置不正或色彩灰暗，可在后期使用 Photoshop 这类软件调整形状、饱和度和亮度。

三、信息整理

在文案调研和实地调研中收集到的资料和信息，需要做好记录工作，返校后及时进行资料整理，画出店铺平面草图，并使用 Auto CAD 这类软件绘制店铺平面布局图。

任务二　服装店铺设计与规划调研报告

完成调研资料的整理后，进行信息分析，并撰写调研报告。调研报告模板可扫描下方二维码下载。

下图是几位同学对江苏省宜兴市万达广场一楼海澜之家形象店的调研报告。

（如未自动跳转至下载，请点击右上角在默认浏览器中打开）

调研基本信息

调研品牌：海澜之家
调研时间：2022年6月
调研地点：江苏省
小组成员：常灵芝、朱琴琴、
　　　　　王雨婷、丁威

目　录

01

品牌基础信息

品牌理念/运营方式/商品品类/价格体系/
顾客定位/生活方式

品牌基础信息

品牌介绍

品牌历史："海澜之家"（英文缩写：HLA）是海澜之家集团股份有限公司旗下的服装品牌，主要采用连锁零售的模式，销售男性服装、配饰与相关产品。
成立时间：1997年1月8日
注册地：中国江苏省江阴市
发展变迁：
- 2014年4月11日，海澜之家正式登陆A股市场。
- 2015年12月29日，根据标准普尔发布的统计数据，海澜之家股份有限公司的市值已超过600亿人民币。
- 截至2018年6月30日，海澜之家品牌的门店数量已达4694家（含海外店 11家）。
- 2020年1月19日，周立宸正式接任海澜之家法定代表人。

品牌基础信息

品牌介绍

品牌理念：

　　海澜之家对每家门店都实行全国统一连锁经营管理，做到了既"连"又"锁"。"连"住了品牌，"连"住了形象，"连"住了服务，也"锁"住了管理。公司每个部门也能按照标准化的业务流程为门店服务，标准化成为海澜之家门店"拷贝不走样"的保证。

品牌基础信息

商品品类分析

01 **商品大类划分：**
　　商品产品线划分：服装、配件
　　商品性别类别划分：男/女
　　商品年龄类别划分：男成衣/女成衣/儿童
　　商品季节类别划分：四季/两季/单季
　　商品系列类别划分：A功能分类、B设计分类

02 **商品细类划分：**
　　服装——外套、衬衣、长裤/裙、
　　　　　短裤/裙、T恤
　　配件——帽子、围巾、腰带、手套、袜子、
　　　　　鞋子、包、香水、化妆品

（海澜之家）品牌基础信息

目标店铺商品品类占比图形：海澜之家为男装品牌，仅做产品线分类

品牌产品线分类

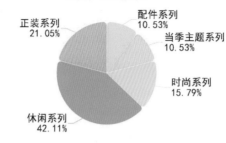

正装系列
21.05%

配件系列
10.53%

当季主题系列
10.53%

时尚系列
15.79%

休闲系列
42.11%

● 配件系列 ● 正装系列 ● 休闲系列 ● 时尚系列 ● 当季主题系列

品牌基础信息

服装商品价格线分析

1. 服装最低价格线：（58）元—（78）元
2. 最低价格线服装品类：内衣裤、休闲T恤
3. 目标店铺最低价格线服装产品占比：20%
4. 服装中档价格线：（158）元—（358）元
5. 中档价格线服装品类：衬衣、卫衣
6. 目标店铺中档价格线服装产品占比：60%
7. 服装最高价格线：（558）元—（998）元
8. 最高价格线服装品类：正装
9. 目标店铺最高价格线服装产品占比：20 %

1. 配件最低价格线：（38）元—（78）元
2. 最低价格线配件品类：领带
3. 目标店铺最低价格线配件产品占比：20 %
4. 配件中档价格线：（158）元—（358）元
5. 中档价格线配件品类：包、腰带
6. 目标店铺中档价格线配件产品占比：60%
7. 配件最高价格线：（358）元—（558）元
8. 最高价格线配件品类：鞋包
9. 目标店铺最高价格线配件产品占比：20 %

配件商品价格线分析

品牌基础信息

顾客定位

• 顾客性别定位：男

• 顾客年龄定位：20—65岁

• 顾客消费能力定位：中端，有一定消费力

• 其它特征的定位（职业、家庭等）：不限

品牌基础信息

一般的生活方式分类　　品牌与商品满足生活方式的功能分类

工作

休闲

- 正装
- 起居服
- 商务休闲装
- 运动休闲装
- 时尚休闲装
- 高级时装
- 体育服装装备
- 户外运动服装装备
- 特殊功能服装装备
- 化妆品

顾客定位

02

店铺运营情况

1. 店铺选址：商圈分析/店址分析/竞争对手分析
2. 运营情况：客流量/进店量/进店率/触摸率/
   试穿率/成交率/连带销售

市场调研基础信息

店铺名称：海澜之家（宜兴万达店）
所在商圈：江苏省宜兴市万达广场
调研时间：2022年7月20日15：00

店铺运营情况

商圈分析

★ 写字楼

✹ 公园、学校等文教区

◆ 商业区

◎ 居民小区

调研品牌：海澜之家
所在商圈：宜兴市万达广场
所在版块：宜兴市东氿新城

店铺运营情况

商圈分析

商圈周边构成

类型	名称	数量
商业区	万达广场、万达金街（步行街）、八佰伴商场、天禧广场、大润发超市、东氿市民广场等	大型百货*3 大型商超*1 商业步行街*2
文教区	东氿小学、东氿中学、保利大剧院、美术馆、科技馆、博物馆、图书馆、文化中心等	学校*3 展馆*5 影、剧院*2
办公区	东氿1号、万达写字楼、君悦大厦、东域SOHO等	写字楼*4
住宅区	誉珑湖滨、宜兴中堂、东氿1号等	中高端小区*9
休闲区	东氿公园	
其他	宜兴市妇幼保健院、不动产登记中心等	

店铺运营情况

商圈分析

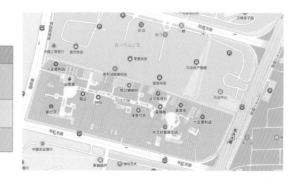

万达广场商圈分析	
商圈分类	次级商业区 市区购物中心
商圈范围	集中型商圈
商圈形态	商业区/混合区

店铺运营情况

 商圈分析

商圈分类
商业区
（CBD/SBD/NBD/商业街）
购物中心
（社区购物中心/市区购物
中心/城郊购物中心）

商圈范围
集中型商圈
分散型商圈

商圈形态
商业区/住宅区/
文教区
办公区/混合区

人口特征
人口所得比率
（高所得、中上所得、
中低所得）
消费习惯：习惯性消费

店铺运营情况

 店址分析

海澜之家形象店位于宜兴市万达广场一楼东南角，毗邻誉珑湖滨等高档住宅区、东氿1号等高端写字楼，背靠万达金街、东氿公园（商业步行街），交通便利。

周边环境：建筑为规整的立方体，外立面浅灰色。
　　　　　门前广场灰白色，较为空旷。
配套设施：地下停车场、大型商超、东氿公园等。
邻近店铺：星巴克（黑色，灯光较暗）。
　　　　　优衣库（白色，灯光较亮）。

店铺运营情况

 店址分析

名称	释义	选择
台岸	以店铺所在道路路面为标准，需要上阶梯的店铺	
凹岸	要下阶梯的店铺	
阳岸	正面朝向街道而且空间完全开阔的店铺	√
阴岸	背后或侧面朝向街道或者空间被遮蔽	
礁岸	旁边有顾客敬而远之的场所或商品的店铺	
祥岸	店铺旁边没有大众反感的商品或场所，甚至有吸引大众的商品或场所的店铺	√
花岸	现在繁华，但即将衰败的店铺	
蕾岸	现在冷清或繁华但即将繁华或更加繁华的店铺	
金岸	街道两侧，繁华的一边	√
草岸	相对冷清的一边	
过岸	人流在经过店铺时，只有少数进入店内，大多数人流只是路过	
驻岸	多数人流进入的店铺	
群岸	旁边有较多其他类型经营者的店铺	
孤岸	没有或很少有其他类型经营者的店铺	
熟岸	所在地已被消费者所知晓和认同的店铺	√
生岸	消费者知之甚少或不认同的店铺	

店铺运营情况

竞争对手分析

主要竞争对手
时尚类：太平鸟、GXG、思莱德
商务类：雅戈尔、利郎、劲霸

品牌	优势	劣势
竞争对手	目标消费群更精准，顾客忠诚度较高。	消费群较为单一，价格偏高。
海澜之家	货品丰富，消费群体庞大，价格亲民，进店率及成交率高。	消费者细分难度较大，很难突破固有品牌形象来吸引年轻消费者。

店铺运营情况

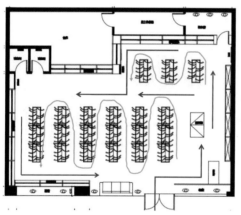

顾客动线

← 主要动线 ← 次要动线

店铺运营情况
抽样时间：2022年6月10日10：00—20：00

店铺运营情况

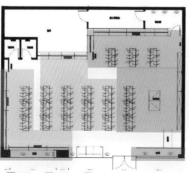

■ A区   ■ B区   ■ C区

统计项目	统计结果	备注
客流量	321人	女57%，男43%
进店量	105人	女68.1%，男31.9%
进店率	32.7%	
触摸率	81.2%	A区34.6%，B区25.3%，C区21.3%
试穿率	49.8%	A区21.2%，B区16.2%，C区12.4%
成交率	30.4%	A区12.4%，B区9.4%，C区8.6%
连带销售比	2.1	销售单数：10 销售总件数：21

店铺运营情况

调研店铺分析

优点：
1. 选址在集中商圈、综合体内，人流充足且稳定。
2. 进店率较高，购物环境舒适。
3. 货品丰富，配套成交率较高。
4. "千店一面" 管理规范，国民品牌形象统一稳定，深入人心。

问题：
1. 货架为2013年装修，之后公司 "降本节资" 未能及时更新，略显陈旧。
2. 橱窗设计缺乏创意，很难吸引年轻消费者。
3. 陈列规范却无重点，无法确认主推款和新款。

建议：
1. 橱窗设计增加创意。
2. 电偶规划增加空间层次。
3. 适当添加装饰物以营造氛围感。

03

店铺设计与规划

1. 店铺外观设计：建筑物外观/门头设计/招牌设计/橱窗设计
2. 店内设计规划：店铺规划/店内设计/照明设计/区域陈列/
   氛围营造

店铺设计与规划

店铺外观

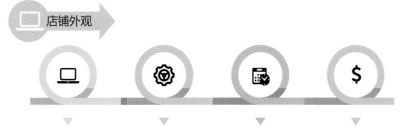

建筑物外观　　　门头设计　　　招牌设计　　　当季橱窗

店铺设计与规划

建筑物外观

优点：
1. 形态周正，现代感强。
2. 外部空旷，色彩灰白，使有彩色的店铺门头较为引人注目。

问题：
1. 外部的消防栓等略显杂乱。
2. 高层广告色彩和内容与店铺不协调。

建议：
1. 合理规划店铺门前空间。
2. 承包高处广告牌。

店铺设计与规划

门头、招牌设计

优点：
1. 简洁明了。
2. 采用蓝黄对比色，十分醒目。

问题：
1. 缺乏时尚感和活力。
2. HLA与招牌背景没有拉开层次。

建议：
1. 适当调整色彩纯度，提高层次感。
2. HLA字体加大超出招牌，"海澜之家"字体缩小，使门头更有冲击力和时尚感。

店铺设计与规划

当季橱窗

1. 橱窗时间主题：（夏）季节/（凉感科技）主题活动。

2. 橱窗商品主题：主推型凉感科技面料的夏装，价格在159—558元的中间价位。

3. 橱窗设计主题："凉感科技"。

4. 视觉传达手法：以代言人海报作为背景，结合人模展示。

店 铺 设 计 与 规 划

当季橱窗

　　海澜之家宜兴万达店的橱窗每周更换一次，本周的主题是**"凉感科技"**。
　　以清新凉爽的色彩在高温气候下带给人清凉的感觉。海澜之家作为成人男装品牌，以中低端的价格打造20—65岁的男装，目标消费群涵盖面较大，宜兴万达店受万达广场的消费券影响，以青年男性顾客为主，橱窗展示更多倾向于20—40岁的男性顾客。

店 铺 设 计 与 规 划

当季橱窗

优点：
1. 主题明确。
2. 信息传达精准。
3. 色彩搭配合理。

问题：
1. 略显单调。
2. 缺乏创意。
3. 组合留白过多。

建议：
1. 模特搭配配饰。
2. 调整模特站姿及朝向。
3. 增加悬挂或地面陈列。

店 铺 设 计 与 规 划

店内设计

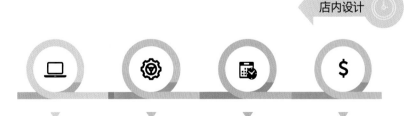

店铺规划　　店内设计　　区域陈列　　氛围营造
　　　　　　照明设计

店铺设计与规划

店铺规划

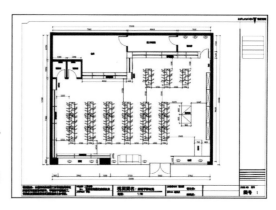

店铺形状：
1. 矩形，形态周正。
2. 面宽型店铺。

店铺尺寸：
1. 总面积约180平方米。
2. 开间15米、进深12米、层高3.2米。

位置分析：
1. 角店，位于万达广场东南角。
2. 店门和橱窗都位于南侧，东侧客流少，全部封闭，张贴两张海报。

店铺设计与规划

空间规划

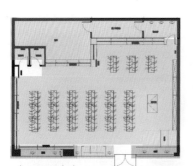

■ 顾客导入区域　■ 营业销售区域　■ 服务辅助区域

优点：
1. 分区清晰。
2. 按照"看、取、试、买"的购物流程划分区域。

问题：
1. 导入区域不够有力。
2. 营业区域太单一，缺乏活力。
3. 沙发不应放在门口落地窗处。

建议：
1. 将沙发和收银台移动到店铺后方。
2. 门口处增设流水台，落地窗改为通透式橱窗。
3. 营业区域中岛货架及货墙打破单一重复的形式。

店铺设计与规划

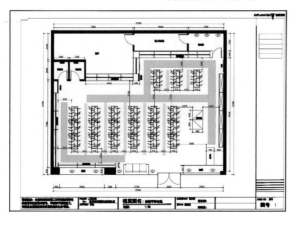

通道设计

■ 主要通道　■ 次要通道

主要通道：
位于货墙附近
宽度1.2—1.5米

次要通道
位于中岛货架之间
宽度0.6—0.9米

店铺设计与规划

通道设计

优点：
1. 通道通畅无阻。
2. 主要、次要通道清晰，员工通道单独设计。

问题：
1. 店铺前排中岛货架三个一列，过长、过密，导致次要通道窄长。
2. 通道太长、太规整，缺乏吸引顾客深入的磁力点。

建议：
1. 前排中岛货架拆开，纵横交错排列。
2. 中岛前端、货墙正挂等出样要有冲击力。
3. 店内不要全是货墙和货架，增加人模、海报、装饰物，形成吸引顾客深入的磁力点。

店铺设计与规划

店铺规划

优点：
1. 整洁有序，空间划分清晰。
2. 动线规划合理，通道通畅。

问题：
1. 缺乏有力的顾客导入区域。
2. 货架陈旧，陈列道具较少。

建议：
1. 增设流水台，提高展示力度。
2. 增设有创意的陈列道具及模特、装饰品。

店铺设计与规划

店内设计

优点：
1. 整洁规范。
2. 产品分区明确合理。

问题：
1. 略显陈旧。
2. 缺乏创新和活力。

建议：
1. 减少中岛。
2. 增加流水台及模特。
3. 调整海报展示区域和面积。

店铺设计与规划

照明设计

优点：
1. 清晰投射产品。
2. 色温适中，中性偏暖光源提升购物舒适度。

问题：
没有重点照明。

建议：
1. 适当增加重点展示区的光线层次。
2. 可在货墙等处增设重点光源。

店铺设计与规划

区域陈列

优点：
1. 按照产品类别、分区明确合理。
2. 色彩搭配合理清晰。

问题：
1. 货品陈列过多。
2. 重点不明确。

建议：
1. 适当减少陈列数量。
2. 突出新品和主推款。

店铺设计与规划

氛围营造

优点：
1. 风格统一，主题明确。
2. 室内无异味。

问题：
1. 缺乏创新。
2. 没有背景音乐和香氛。

建议：
1. 增加道具和装饰。
2. 播放适合的音乐作为背景。
3. 可以考虑使用木质香调的香氛。

04

店铺维护情况

形象维护/道具维护/店员表现

店 铺 维 护 情 况

维护情况

	店铺维护情况	道具维护情况
清洁情况	良好	良好
整理情况	整洁无杂物	整洁
破损情况	略陈旧 （13年装修）	良好
其　　他		

优点：
1. 整洁规范。
2. 千店一面，风格统一。

问题：
1. 略显陈旧。
2. 缺乏创意。

建议：
1. 更新或翻新货架。
2. 增加陈列道具。

店 铺 维 护 情 况

店员形象
1. 工服：着装整洁统一，店长着正装，店员着休闲装。
2. 妆容：眼影（大地色系），口红（中国红），柳叶眉。
3. 发型：高马尾或高盘发。
4. 配饰：佩戴工牌，不得佩戴其他配饰。

店铺维护情况

 店员表现

店员礼仪

1. 举止：统一培训，得体规范。
2. 神态：亲切温和，面带微笑。
3. 语言：轻声细语，礼貌大方。

海澜之家店铺设计与规划市场调研

调研人：常灵芝、朱琴琴、
　　　　王雨婷、丁威

【任务实施】

任务：

实地调研一家服装店铺，研究该店铺商圈及选址情况、店铺设计规划情况，思考品牌定位、店铺定位对店铺选址及设计的影响，以及该店铺在选址、设计等方面的优缺点。

要求：

1. 调研前做好充足的准备，调研过程中保证信息收集的完整度。

2. 整理定点观察、统计的数据，完成平面布局图的绘制。

3. 结合品牌定位、店铺定位分析该店铺的选址及设计的优缺点，完成调研报告的撰写。

项目四　服装店铺设计与规划的基本原则

【本章引言】

经济的发展、社会的进步，促成了商业的繁荣。现如今走在街上，形形色色的店铺举目皆是，而具有创意的店面设计可以提升整个店面的气质和形象，加强店面的昭示力度和传播能力，进而促进销售。

由于服装营销的特殊性，时尚、舒适的店铺形象往往是招揽顾客的重要手段之一。为了突出鲜明的品牌形象特征，商家往往会努力打造店铺别具一格的特色，营造温馨舒适的氛围，做到突出品牌和商品的特质，又通过或时尚或温馨或独特的店铺环境来提升消费者的购买欲望，达到促进销售的目的。这就需要深入顾客的购物心理，在提高品牌宣传力度和商品时尚性与服务质量的同时，研究商品之外的其他因素，对购物环境、店面形象、商品陈列等进行整体的设计与规划。

【训练要求和目标】

要求：通过本项目的学习，帮助学生明确服装店铺设计的基本原则和店铺空间划分形式，掌握店铺空间设计的要素。

目标：能够根据预设的服装品牌情况和综合调研结果，结合前期完成的《服装店铺开发可行性报告》相关内容，按要求开展服装店铺设计企划。

【本节要点】

○　服装店铺设计的基本原则
○　服装店铺的空间划分与设计

本项目资料、微课及案例资源可扫描本书后勒口二维码学习。

任务一   服装店铺设计的基本原则

店铺设计最终的目的有且只有一个：让消费者迈入店铺门槛，并引导他们更多地进行消费，这也是众多零售商想尽办法要达到的营销目的。店铺的设计是否有吸引力，可以说对店铺生意好坏有直接的影响。好的店铺设计可以吸引消费者进店消费，也可以加深消费者对店铺的第一印象。因此，店铺想要人气火爆，就一定要重视整个店铺的设计环节（见图4-1）。

而对于店铺设计者而言，从最初的店面的规划，到实施，再到最后的交付，其设计的诀窍就是了解消费者，设计出符合消费者喜好的店铺门脸和室内环境，这才是店铺设计与规划的真正艺术所在。

一、服装店铺设计的目的

店铺设计糅合了美学、心理学、光学、声学等多门学科的知识，是经营者在开业之初的工作重点之一。店铺设计主要包括店铺的整体规划、门脸设计、店内环境设计、店内布局设计和商品

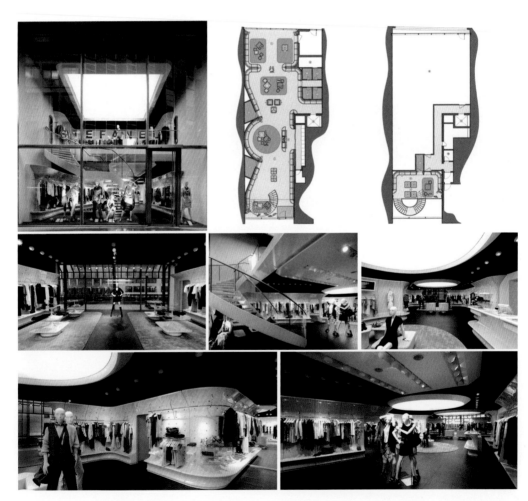

图 4-1   优秀店铺设计案例欣赏——德国汉堡 New Stefanel 旗舰店
（案例来源：Wide Angeles for BOUTIQUE SHOPS   项目设计：Simon Mitchell, Torquil McIntosh, Petra Jenning, Nicola Hawkins   项目施工：Sybarite UK Ltd   摄影：Marco Zanta）

陈列设计等内容。店铺设计对于美化环境、树立店铺形象和吸引顾客注意力有着极为重要的作用。

1. 营造适宜的购物环境

随着生活水平的提高，人们的审美意识也逐渐增强，店铺设计的优劣逐渐开始影响人们的购物行为。人们很容易被优美的、舒适的、时尚的、独特的店铺吸引，服装店铺设计成为提升店铺形象和提供舒适购物环境的重要手段之一。

2. 吸引消费者

对于服装店铺而言，消费者的注意力就是商机。新颖的、独特的、具有创意的店铺形象，能够给顾客以强大的视觉冲击力，容易引起消费者的兴趣，激发其进店参观的欲望。

3. 展示流行趋势

服装店内陈列和橱窗设计形成了店铺的视觉重点，可以起到很好的广告的作用。陈列师会将当季的重点商品摆放在这些位置进行展示，能够更好地体现该品牌在新季度的流行主题。

4. 突出品牌风格

服装店铺设计涉及空间形象设计、室内装修设计、室内物理环境设计、服装商品的陈列展示等，优秀而独特的店面设计能够凸显品牌风格，拉开与竞争品牌形象的距离，强化消费设计系统的重要板块。优秀的店铺设计能够很好地展示品牌的风格和理念，并进一步塑造品牌形象（见图 4-2）。

德国柏林 Geometry 男装店

店铺设计大量采用几何形状，设计师利用骨架照片、稻草人、特殊造型的灯具、深色木质拼接地板和白色橡木展具等衬托店铺的男性气质，使店铺空间新颖别致，令人惊喜。

图 4-2　优秀店铺设计案例——德国柏林 Geometry 男装店
（案例来源：Idea Book 名店　项目设计：Plajer & franz studio　摄影：Ken Schluchtmann）

二、服装店铺设计的原则

服装店铺设计是服装陈列展示活动的基础，也是服装销售的大前提。好的设计会使得整个店铺有个性和特点，并且能够在一定程度上引导店内陈列和商品展示向更好的方向发展。

服装店铺在规模、经营内容、装修标准等方面具有较大的差异，但在店铺设计中也存在许多共同点，这也就是商业店面设计装修的基本原则：

1. 风格统一，设计完整

店铺设计包括店铺构图、细部构图以及与周围建筑和谐搭配（包括上部的主题建筑）的构图等诸多方面。在店铺设计过程中，不能脱离整体谈某一方面的设计，必须在形式、风格等方面达成协调统一，尺度上亲切宜人，具有良好的对比关系和美感。

2. 风格突出，识别性强

店铺的识别性是店铺具有让人能够直观地了解其经营内容、性质的一种形象特性。店铺外部和内部环境的装修设计应符合品牌定位以及目标顾客的习惯和特点，形成别具一格的品牌文化环境，能够有效地将目标顾客牢牢地吸引到店铺里来。要使顾客一看店铺外观，就驻足观望并产生进店的欲望，并且一进入店内，就能产生强烈的购买欲望和新奇感受（见图4-3）。

Le Ciel Bleu 精品店

店铺设计灵感来源于白色森林，白色闪耀材料与黑色展架体现了反差带来的动感。店铺整体无彩色，垂直和水平的几何线条呈现出未来感与科技感。整个店铺设计在精致典雅之余，不乏时尚现代感。

图 4-3 优秀店铺设计案例——Le Ciel Bleu 精品店
（案例来源：Idea Book 名店   项目设计：Laaur Meyrieux Studio   摄影：Nacasa & Partners）

3. 环境舒适，规划合理

通过色彩、灯光、装饰品、音乐等营造舒适的环境，使消费者心情愉悦、身心放松，愿意长时间地驻留在店铺内浏览商品并触摸试穿，提高商品销售的机率。店铺空间规划合理，使消费者在店内浏览的过程顺畅无阻塞。

4. 突出商品，体现风格

店铺设计和店内装修紧紧围绕品牌定位。店铺内部装饰简洁而富于变化，天花板、地板、灯光、墙面、道具、装饰等符合品牌环境诉求。店内主体色彩易于搭配，在不同的服装色彩流行趋势下，能够协调组合并突出商品。

5. 布局科学，安全高效

店铺内部规划布局科学，便于工作人员合理组织商品经营管理工作，使进、存、运、销各个环节紧密配合，能够节约劳动时间，提高工作效率，增加经济效益和社会效益。同时还需重视使用安全、工艺精细，装配合理，不留隐患。

任务二　服装店铺的空间构成

店铺设计是建筑设计、室内设计、陈列与展示设计的综合体。随着经济的发展和人民消费习惯的变迁，店铺设计在满足商业目的的同时，也逐渐形成了独立的艺术形式（见图4-4）。

一、店铺设计中的空间概念

店铺设计是一门构成艺术，除了平面构成、色彩构成之外，用实体来创造带有心理情绪的立体空间构成，也是店铺设计的主要艺术手段。

店铺的布置讲究天花板、地板、墙面的合理运用与分割，服装店一般根据实际情况运用隔断柜台、吊架、天花板、吊顶、灯光、地板道具等元素将空间分割成一些区域。空间有垂直分割和水平分割两种分割方式，设计时要注意动线的安排，既有变化又统一。

Max mara 巴黎店面积达 510 平方米，设计主题是自然植被。为营造室内外交融互动之感，店内设置了 4 扇 6 米高的大型景观窗，透过玻璃墙可以看见中央庭院，使人仿佛置身于露天环境。这种设计充分利用了自然光照，使店内明亮宽敞，空间更开阔。店内墙面和展示道具的独特设计，将流畅的线条与橡木、紫檀等经过处理的有机材料相结合，创造出触感明确、肌理丰富、低调大气的店内空间。

图 4-4　优秀店铺设计案例欣赏——Max Mara 巴黎蒙田大道 31 号专卖店
（案例来源：Fashion Display Design　项目设计：Duccio Grassi Architects　摄影：Paolo Codeluppi）

从整个店铺的规划到各个陈列位面的空间，都需要设计师将设计原理运用其间。从平面构成的点线面到立体构成的体块空间，以及色彩构成的色调搭配，这些都是店铺设计的元素（见图4-5）。

店铺设计与空间是密不可分的，甚至可以说店铺设计就是组织利用空间的艺术。无论从店铺设计的概念，店铺设计的本质与特征，还是店铺设计的范畴以及店铺设计的程序，"空间"这个概

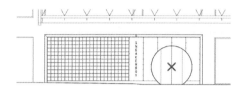

墨尔本 Sneakerboy 旗舰店门脸设计图

走廊设计   "鞋廊"设计

展示区设计采用复古与未来科技结合的形式，参考1966年在纽约运输罢工中的地下车站。明亮的弧形玻璃架、走廊式的展架，162个独立鞋位可以通过改变照明效果来灵活调整展示方式，展架上每只运动鞋下滚动的 LED 显示屏中显示了该鞋的设计师。

室内空间由两个主要区域组成：展示区和试穿区。走廊形式的展示区引导顾客逐渐步入店铺深处，半透明的玻璃砖则创建了一个沐浴在自然光下的试穿区域。

图 4-5   优秀店铺设计案例——墨尔本 Sneakerboy 旗舰店
（案例来源：谷德设计网   项目设计：March Studio）

念都是贯穿始终的。店铺设计是一种人为环境的创造，空间规划是店铺设计中的核心要素。所以，在对空间设计进行探讨之前首先明确空间的概念是非常必要的。

二、服装店铺的空间划分

服装店铺的空间分配与构成应本着功能性和人性化来安排分配。服装店铺呈现了品牌风格多样化及行业形态复合化的特点，因此店铺位置、店面规模、装潢布置都各有其类型。在这种情况下，服装店铺的空间结构也就显得特别复杂，不便于分类。

相较于其他店铺，服装店铺不仅要提供服装展示陈列及仓储空间，还需有消费者活动和休息、更衣室、员工休息、洽谈交易、配套服务（有些服装店铺会设置茶水房、吧台等，或提供改衣服务）等空间。尽管各服装品牌的形象定位不一样，装修风格多种多样，面积大小、形状结构千差万别，但其店铺的空间构成基本都应包括以下几大部分。

1. 商品空间

所谓商品空间是指服装店中陈列展售服装的场所，此空间包括商品展示空间和商品库存空间。商品空间形式多样，例如橱窗、货柜／货架、流水台、展台等。设置商品空间的目的在于使顾客便于挑选服装、购买服装，也利于服装的销售。

商品展示空间用于陈列展售的服装商品，对顾客是开放的。在商品展示空间内，可通过各种货架、展示道具将空间划分成各种形态，其设置目的在于展示商品、美化店铺，使顾客能够充分浏览、选购商品（见图4-6）。

商品的库存空间是为储备商品所设置的空间，对顾客是不开放的。这部分空间要隐蔽，既要保证必备空间的使用，又不影响店铺的美观。通常可巧妙地与廊柱、店铺背景相结合设置，也可精心对货架柜台进行设计利用。需要强调的是，商品的库存空间尽量要小，但绝不能影响商品的整洁存放、高效查找和取放。

2. 顾客空间

顾客空间是指顾客参观店铺，浏览、挑选、

图 4-6　温州瑞安吸引力·印象空间精品店的商品展示空间

试穿服装和休闲的场所。这部分空间的设置能充分体现出商家的服务意识和水准。服装店铺的顾客空间通常为试衣间、休息区、休闲吧台等。

由于服装商品的特性，试衣是顾客购买服装的关键步骤，试衣间和休息区已成为服装店铺不可缺少的构成部分。整洁宽敞、周到私密的试衣间会提升消费者对服装商品和品牌的好感；温馨舒适的休息空间可以缓解其购物所产生的生理和心理的疲乏，为消费者购物提供更好的便利，也充分体现了商家的服务层次（见图4-7）。

3. 员工空间

员工空间是指服装店员接待顾客以及从事相关工作所使用的空间场所。由于各个服装店的经营方针不同，对店员的要求也各不相同。有的店铺把员工空间和顾客空间划分得很清楚，有的店铺的员工空间则是和顾客空间相重合的。这两种处理方法各有优劣，前者可以保持顾客空间的独立性和私密性，为顾客购物提供良好的空间环境，也为员工开展日常工作提供便利；后者可以有效地利用空间，增进员工与顾客的距离，更好地实现两者的互动。

任务三　服装店铺的整体空间设计

店铺设计是把商品及其价值透过空间的规划，利用各种展示技巧和方法，准确而有魅力地将商品及其信息传达给消费者，进而达到销售商品的目的。

服装店铺是人们进行服装、服饰品展示和交易的主要场所，主要目的是销售产品。服装店铺的范围很广，小到街边的服饰品店、精品店，大到旗舰店、专卖店、商场中的铺位、购物广场中的品牌专卖店等，地段面积不等，经营品类繁多。在个性消费的商业经济时代，服装店铺的空间设计对产品的销售具有非常重要的作用，良好的店铺形象，有益于促进产品的销售。

一、服装店铺空间设计的要素

店铺的整体空间设计主要是针对店铺的建筑物外观、招牌与广告、卖场空间、环境氛围、装饰装潢、灯光照明、商品规划、店员形象等方面的综合设计和运用。店铺的整体空间规划务必做

图 4-7　吉林市始祖鸟北大湖专卖店试衣间设计
（案例来源：SOHO 设计区　项目设计：尚洋艺术 STILL YOUNG　摄影：SFAP）

到设计上的协调和统一，使店铺形象突出、环境优美、商品展示效果良好。

1. 店铺的建筑外立面设计

服装店铺的建筑外观的设计，就是店铺外部空间的环境设计。随着人们审美意识的不断提升，店铺的外观设计追求的不再仅仅是让顾客远眺与观赏，最重要的是通过视觉的刺激，吸引顾客产生审美共鸣，并走进店铺来购物消费（见图4-8）。

特别是开设旗舰店（通常是整幢或半幢楼、大型建筑的一至二、三层等大型结构）或大型专卖店时，店铺的外部含有所在建筑的部分甚至全部外立面的情况下，由于这些外立面通常沿街且高大，对过往行人而言非常抢眼。如果利用好这些外立面，做出或美观或新颖的建筑外观设计，无疑将会对顾客产生巨大的吸引力和深刻的印象。所以设计师在进行店铺整体空间设计的时候切记不可忽略建筑外观设计（见图4-9）。

2. 店头招牌设计

店头招牌是指挂在店铺门前作为标志的牌子，主要用来指示店铺的名称和记号，也称店标。店头招牌常见有竖招、横招、骑马招等形态，表现在日常店铺中或是门前牌坊上的横题字号上，或

JIL SANDER 纽约精品店

　　JIL SANDER 是世界著名的极简主义服饰品牌，品牌风格为简约、精致、时尚。JIL SANDER 纽约店的店铺装饰风格亦是如此。店铺建筑外立面采用简约的弧形挑高拱门设计，选用材质光洁简练。门头设计干练大气，店门及橱窗采用整体式强化玻璃，除品牌标识外无任何装饰，干净整洁。店铺整体设计优雅简约，无声地诉说了品牌文化。

图 4-8　美国纽约 JIL SANDER 精品店的建筑外观设计
（案例来源：New Stores in USA 2　项目设计：Gabellini Associates）

图 4-9　时尚别致的建筑外观设计
（案例来源：SOHO 设计区　项目名称：日本大阪 Louis Vuitton 御堂筋旗舰店、成都 Burton 伯顿户外品牌旗舰店、
云南昆明 W.DRESSES 婚纱礼服定制空间）

在屋檐下悬置巨匾，或将字横向镶于建筑物上（见图 4-10）。

随着照明技术的发展，霓虹灯和日光灯招牌能使店铺的门头明亮醒目，增加店铺在晚间的可见度，并且能制造热闹和欢快的气氛。霓虹灯和日光灯招牌可设计成各种形状与材质，可采用多种颜色，通过 LED 亮化工程设计，使灯光巧妙地

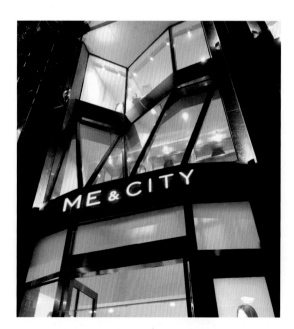

图 4-10　上海南京路步行街
ME & CITY 精品店店头招牌设计

变换和闪烁产生动感，相较于静态灯光来说，这种灯光能活跃气氛，更富有吸引力。另外，有的店铺还将显示技术应用于招牌设计，使店头招牌的标识、图案呈现出动态效果，夺人眼球（见图 4-11）。

3. 广告宣传设计

店铺空间设计中的广告特指设置在卖场内外的各种形式的广告，包括店内外的招贴广告、电子告示牌、多媒体设备、卖场 POP、价格牌等。

广告的基本作用是通过传播具有说服力的商品信息，引导顾客产生特定行为或在一定条件下的预期行为。因此广告规划从根本上讲是一种有关品牌推广和商品促销的宣传计划，它直接影响到品牌的知名度、商品的销售和企业的效益，是店铺实现竞争优势的利器。

店铺用各种展示物如吊牌、灯箱 POP、墙体 POP 等媒介来布置与装饰，不仅可以美化销售环境，还能吸引顾客，使其对商品产生好感，激起购买的欲望。

4. 装饰装潢设计

店铺的装饰装潢是提升店铺形象、增强吸引力的一项重要工作，通常采用对地板、天花板、

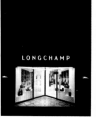

日本东京 Longchamp "闪店"

　　店铺外立面高性能玻璃后安装了频闪观测器，使门头黑色幕墙动态呈现出斑马条纹的图形和 Longchamp 的标志。这种动态的招牌显示新颖别致，极易引起路人关注。

图 4-11　闪烁变换的效果使店头招牌更为夺目
（案例来源：Idea Book 名店　项目设计：Gweneal Nicolas, Curiosity JP　摄影：Nacasa & Partners）

墙面的硬装修与展具、家具、装饰品以及多种形式的道具，如花卉、绿植、绘画作品、雕像、玩偶等进行卖场的装饰，由此形成风格各异的卖场形象和环境氛围。通过装饰装潢，可以达到美化卖场、装点环境、营造氛围的作用（见图 4-12）。

　　进行装饰装潢需要特别注意，要使装饰材料与商品风格相协调，装饰风格与品牌形象相统一，装饰情调与卖场环境相呼应，切勿胡乱堆砌、喧宾夺主。

5.店员形象设定

　　店员的仪表、举止和服务也是卖场形象的重要组成部分。员工在专业培训下应具有强烈的服务意识与服务观念，具备高尚的职业道德，以自身的良好表现共同塑造良好的店铺形象。

　　导购员（服务人员）在服饰销售过程中有不可替代的作用，他们不仅代表了店铺的外显形象，也加速了销售的进程。因此，店内的工作人员在经营过程中需接受定期的培训，规范店员的外形（包括发型、化妆、服装、工牌等）、店员的服务、话术技巧等。这样才会使顾客对店铺产生管理规范、制度严谨、服务专业的良好印象，增强顾客对品牌的信赖度和满意度。

二、服装店铺空间设计的基本原则

　　在市场竞争日趋激烈的经济时代，商店的室内空间设计要以突出商品为中心，符合消费者的行为心理，综合考虑店面形象、商品陈列、空间装饰、消费者行为心理等多个方面的因素，通过合理、有序、人性化的设计，营造商店的主题意境，突出商店的特色风格，树立起良好的店铺形象。

　　店铺的空间设计需满足如下基本原则：

1.突出商品，增强顾客的购买欲

　　衡量店铺设计好坏的直接标准就是看商品销售情况，因此让顾客方便、直观、清楚地"接触"商品是首要目标。在进行店铺空间设计时，设计人员首要分析该店所售商品的行业属性和特点，如商品的类型、商品的形态、商品的色彩和质感、商品的消费群体与个体、商品的特性等多个方面

EQIQ 北京旗舰店

店铺内充满了创意性装饰，如墙上悬挂的手绘树、不同物料制成的树枝吊挂、印有 EQIQ 标志的树枝地毯等。设计师采用了木质纹理墙面、金色衣饰架等，使店铺整体格调高雅精美，华而不俗。

图 4-12   EQIQ 北京旗舰店店铺装饰装潢设计

（案例来源：Idea Book 名店   项目设计：蔡明治设计有限公司   摄影：Ken Choi）

的内容。在此基础上，利用各种人为的设计元素展示商品的形态和个性，突出商品的亮点和特色，让顾客能够直观地认识和了解商品，最终吸引顾客购买商品。

不同店铺内商品的类型、大小、适用范围、商品性格等都是各不相同的，首先要对该店所售商品的形态与性质作出分析，利用各种人为的设计元素去突出商品的形态和个性，而不能喧宾夺主。空间设计的风格与经营特色的和谐与否直接关系着商品的销售。

2. 优化设计，迎合顾客消费心理

顾客进入店铺购物时，有着一系列的心理活动过程。在店铺空间设计中，设计人员应根据店铺的行业特征，对准顾客这一系列心理活动制定对策。比如：通过增强商品与背景的对比、掌握适当的刺激强度、利用直观的商品使用形象诱发顾客对商品使用的联想；利用新颖美观的陈列方式及环境设计等方式来充分展现商品特征，凸显商品亮点，吸引消费者的注意，营造合理的购买环境，使消费者顺利实现购物行动。

3. 强化风格，提高店铺的吸引力

同样的商品，所在店铺陈列设计的档次能够决定商品的档次。面对市场的竞争，经营者必须以建筑装修的突出特色赢得顾客。在不干扰商品

的前提下，设计人员可以通过各种装饰素材的精　　内空间的设计风格鲜明，特色突出，对商品起到
心设计与运用来创造店铺的主题意境，使店铺室　　更好的烘托作用（见图4-13）。

越南胡志明市 RUNWAY SHOP

　　由于越南气候较为炎热，为体现清凉感，该店铺设计主题为冰层，空间设计充分体现了曲线与光影交错之美：光线通过富有层次感的曲线进行传递，灵活的陈列设施、统一的色调和灯光照明巧妙融合，和谐而唯美。店铺醒目位置设有巨大的不规则蛋形装饰物，通过细碎的镜面对店内光线进行折射，使店铺空间呈现出一种感性、轻盈且充满幻想的氛围。整个项目圆形、弧形、重叠等设计元素无处不在，配以明丽的灯光、绚丽的折射、突出的商品，使整个店面呈现出梦幻和时尚之感。

图 4-13　优秀店铺设计案例——越南胡志明市 RUNWAY SHOP
〔案例来源：Wide Angles for BOUYIQUE SHOPS　项目设计：Massimiliano Locatelli
项目施工：CLS architetti　摄影：Hellos（Cukhoai Studio）〕

三、服装店铺设计的文化内涵

伴随互联网的兴起和发展，线上购物给人们带来了极大的便利，服装贸易中网络交易的比例逐渐提高。顾客通过网购平台可以直接了解折扣信息并进行价格对比，通过关键词搜索就可以轻松找到经济实惠的商品，而实体店与之相比就麻烦得多。但是，网购虽然改变了人们的消费方式，占据了消费主体的一部分，但仍然不能取代实体店铺的核心地位。

顾客去实体店的需求主要是享受逛和选的乐趣，发现和试用新产品，享受新的购买体验。通过即刻的购买去满足需求，在逛店和购买的同时还能够释放心理压力。由此可见，单纯购买本身并不是消费者去门店的核心目的。

店铺经营以经济效益为主，但在现代商业环境中，服装店铺若想在实体竞争者与网络竞争者中脱颖而出，就要重视文化内涵。在个性消费的商业时代，店铺的室内空间设计对商品的销售具有非常重要的作用，良好的店铺形象，有益于促进商品的销售。商店经营确实应该以经济效益为主，但在现代商业购物环境中，店铺融入城市生活的公共空间中，更应该重视其文化内涵，承担一部分社会责任。

因此，如何营造一个文化与效益相辅相成，具有极高购物环境品位的现代人文商业环境，是设计师应该重点思考的内容（见图 4-14）。

四、服装店铺设计的发展新模式

店铺在现代都市生活中既是城市场所的升华也是内容的载体。越来越多的品牌把重点转移到店铺设计上，以达到品牌的精神与店铺相互交融的目的，使品牌店铺成为一件艺术品，从而美化和扩大城市的生活空间，而不是把店铺只作为一个产生交易的"空盒子"。在商品之外，店铺使品牌从概念化变得"有形"，为人们留下了印象点。思想、风格，这些于品牌而言看似虚无但又不可或缺的东西，从店面设计的所有细微之处被直观传递出来（见图 4-15、图 4-16）。

实体店铺仍然是购物的核心，以现代都市人的生活水平及对品质的追求，逛店铺往往不再是单纯为了购物，更多的是为了放松身心，走进商店去体验探索和发现的乐趣。

【任务实施】

任务：

根据前期服装店铺调研结果，结合本节理论知识，探讨该店铺空间构成与设计的优缺点。

要求：

1. 结合调研活动中收集的信息与照片，客观分析该店铺空间构成与设计的特点。

2. 结合该店铺风格定位、相似定位店铺的设计等，分析该店铺空间构成与设计的优缺点。

　　为充分表达浪漫一身品牌所蕴含的"新生"理念，该店门头以嫩绿色为主色调，招牌、墙体都采用嫩绿色镂空 PVC 面板＋白色 LED 灯箱底衬的装修形式，面板的镂空图案也高度一致。招牌部分的镂空图案采用放射构成形式，由外部的圆点向中心的树叶渐变，将品牌 logo 衬托得更为醒目。墙体采用由上到下的渐变构成形式，树叶类似雨滴落下，由大变小最终转化为圆点。透过橱窗和玻璃店门，可以看到店内白色的装修和两侧白底绿叶的门帘。店铺内外，无论是色彩、图形还是人文寓意与品牌理念都很协调。

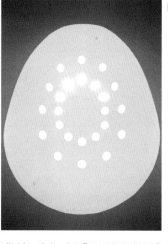
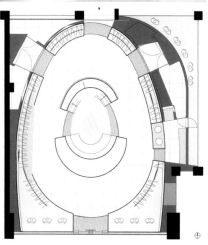

　　店内设计主题为"鸡蛋"。鸡蛋所代表的"诞生、未来、发展"与品牌的"新生"寓意相结合。店铺中央的巨大鸡蛋被斜切为上下两部分，上半部分中心凹陷处涂成醒目的黄色并装置灯具，代表蛋黄；下半部分作为商品展示的流水台。前低后高的斜面便于充分展示商品信息，同时也吸引店外行人的注意力。店铺整体打造出积极健康、幽默风趣的人文环境。虽然该店铺现已关闭，但其将文化与效益相结合的设计方法值得借鉴和学习。

图 4-14　浙江省杭州市浪漫一身专卖店设计

西班牙巴塞罗那 Fast-shoe Munich 精品店

　　位于西班牙巴塞罗那市 La Roca Village 的 Fast-shoe Munich 店，店铺面积 60 平方米，主要销售运动鞋和休闲鞋。店铺外观和色彩设计与巴塞罗那西方与中东文明结合的城市氛围相辅相成，鲜艳夺目、气质独特。店铺内却别有洞天：店铺仅以银色镜面墙纸作为全部的墙体装饰，使用褶皱肌理使镜面别具一格。以白色的裸露结构佐以明亮的轨道射灯作为天花板，木质地板为深灰色，展具采用深灰色圆柱形材料拼接成火车轨道造型以陈列商品，长凳亦是用深灰色圆柱形材料拼接成曲线造型。轨道穿梭盘踞于店铺上上下下，每条轨道都安装了蓝色的 LED 灯带，在褶皱的镜面墙纸上折射出科幻感十足的灯光，张扬夺目，也使店铺空间更加饱满，色彩更加鲜明。这些道具和装饰在形式、色彩等方面与店内装修形成了鲜明的对比，体现了时尚感和趣味性，不失为一个"低成本，高颜值"的设计佳作。

图 4-15　优秀店铺设计案例——西班牙巴塞罗那 Fast-shoe Munich 精品店
（案例来源：Wide Angles for BOUYIQUE SHOPS　项目设计：Manuel Ballo Esteve, Rosa Rull Bertran, Javier Jimenez Iniesta　项目施工：BailoRull ADD+　摄影：Albert Marin, POL Viladoms and Xavi Manosa）

随着粤港澳大湾区政策推出，佛山这座城市开始备受关注。佛山当地深厚的岭南文化，也越来越受到人们的关注，成为新的区域性城市文化中心。为体现岭南文化、融入城市形象，巴拉巴拉委托杜兹设计，将位于佛山岭南天地的一幢传统的岭南建筑，改造为与自然无界的公园式体验空间 PARK by Balabala，创造了集服饰、休闲、潮玩于一体的多业态场所，给消费者带来全新升级的沉浸式体验。百年历史的传统建筑，在有机的自然生态与"无界"的全新业态中获得了新的生命力。

图 4-16 优秀店铺设计案例——广东佛山·PARK by Balabala 新零售空间
（案例来源：SOHO 设计区 项目设计：杜兹设计 主创设计：钟凌 摄影：覃昭量、小锋）

项目五　服装店铺外观设计

【本章引言】

当顾客漫步于街道和购物中心时，若排除对某家服装店铺的服装有极高认可度和忠诚度的情况，顾客会走进哪家服装店铺，往往取决于对这家服装店铺的第一印象：服装店铺门头是否美观，橱窗中陈列的服装是否时尚等。对于投资经营者而言，能够使人们注意到自己的服装店铺，并走进店铺是营销工作的第一步。

人们通常会依据外观对事物加以判断，往往最初的 20 秒就决定了 80% 的印象。随着了解的深入，这个印象会不断被强化。服装店铺的外观设计具有让顾客确知店铺的存在和吸引顾客来店的两大功能。可见，一家服装店的外观是否吸引人，将是顾客能否成为"潜在顾客"的基础。

【训练要求和目标】

要求：通过本项目的学习，帮助学生理解服装品牌定位与店铺形象之间的关系，掌握服装店铺门头设计和橱窗设计的要点。

目标：能够根据预设的服装品牌定位，结合前期调研分析结果，展开品牌店铺形象设计，并进行店铺门头设计和橱窗设计练习。

【本节要点】

◯　根据服装品牌定位进行店铺形象设计
◯　服装店铺门头设计、橱窗设计

本项目资料、微课及案例资源可扫描本书后勒口二维码学习。

任务一　服装店铺形象

在服装店铺外观设计概念界定之前，必须明确高于它的母系词汇——服装店铺形象。服装店铺形象是指店铺给顾客产生的总体或者全面性的印象，这种印象并非由客观的资讯及详细的说明所获得，而是顾客受到服装店铺实体环境的影响后主观感知的形象。

服装店铺形象是店铺在外界（社会、顾客等）心目中被定义的印象，是顾客依据店铺的服装款式与质量、总体服务水平、价格水平和店内氛围等因素对该店铺作出的价值判断。

服装店铺形象是顾客和店铺之间的一种相互作用和相互影响。一方面是顾客在客观上可以观察到的，如店铺的外观与内部装修、橱窗中展示的服装搭配、服装款式与价格，服装陈列与展示等。另一方面是店铺给顾客带来的主观的体验感，例如店铺营造的氛围、灯光温度等是否适宜，还包括通过店铺的设计与服装产品的展示传达出的品牌形象、服装风格、时尚感与个性等（见图5-1）。

Louis Vuitton 韩国首尔精品旗舰店的建筑外观是由著名的解构主义设计大师弗兰克·盖里（Frank Gehry）设计，象征着在白色石头立方体上耸立着大量玻璃风帆。屋顶参考韩国传统建筑中弯曲的屋顶，也是对巴黎 Louis Vuitton 基金会建筑这一解构主义经典之作的致敬。

店内装饰由知名室内设计师彼得·马力诺（Peter Marino）设计。店内共5层，Peter Marino 将每层都设计成"不同的宇宙"。店铺有12米高、宽敞的入口大厅，主体的开放空间由白色墙壁、浅色木地板和各类展具组合而成。较小的私人沙龙以石材装饰，仿佛置身自然山石之间。

图 5-1　Louis Vuitton 韩国首尔精品旗舰店
（案例来源：SOHO 设计区　项目设计：Frank Gehry, Peter Marino　摄影：Yong Joon Choi）

人们逛街时，如果认为某家店铺卖的服装档次高、设计时尚、装修豪华、服务周到，就会经常到这家服装店铺逛逛，渐渐形成习惯，最终被培育出忠诚度。相反，如果人们认为某家服装店铺的形象特别糟糕，会影响自己的心情，那么即便路过很多次也不愿踏足该店。

一、服装店铺形象设计的元素

服装店铺的形象简单讲就是指店铺装修和规划，也是服装品牌推广和视觉营销的重要环节。优秀的店铺形象给顾客带来美好感受的同时，也能够提高顾客的时尚品味，使顾客更容易产生信任感和认同感，提高品牌的识别度。

相较于其他店铺，服装店铺贩售的商品具有时尚性、季节性和对性别、年龄、品味的针对性等特点，服装店铺的形象主要包含以下元素：

1. 标识。这里的标识是一个系统，除商标、logo 外，还包括与标识有关的装饰品、名片、办公用品、工具、员工服装等。

2. 建筑外观及出入口。建筑外观和出入口是服装店铺形象最直接的表现，是吸引顾客的第一关。建筑外观和出入口设计能否彰显服装品牌的风格与内涵、时尚和个性，是服装店铺外观设计的关键内容。

3. 空间规划及店内装潢。空间规划对于服装店铺内部设计非常重要（该内容将在下一项目中详述）。店内装潢主要包括墙壁、天花板、地板等的色彩、造型、材料的综合运用。

4. 服装展具。展具是为商品服务的，如何使服装在橱窗中呈现出诱人的视觉感受，如何使服装在货架、流水台中得到最好的展示，是展具设计的重点。

5. 橱窗。橱窗这一展示形式来源于服装行业，是服装店铺外观设计中最具魅力的部分。

6. 灯光。灯光主要用来烘托环境，尤其是在夜间，灯光的作用就显得尤其重要。在商品的展示中，灯光也起着至关重要的作用，设计者需要根据不同的商品选择灯具、照度等。

7. POP、海报、广告等。这些部分一定要统一设计，统一安装，不能杂乱无章。POP、海报、广告在服装店铺中能起到画龙点睛的作用，但不宜过多过杂。

二、服装店铺形象设计的实施要点

服装店铺设计需注重整体设计策划和实施，否则易与前期规划有出入而达不到预定要求，使服装店铺形象打折，那么如何做好服装店铺形象设计呢？

1. 做好数据调查

现代市场无论是装修设计还是后期营销都要以数据为基础，无论是前期的店铺选址还是店铺设计、商品陈列、后期营销方案的制定都需要以市场调研和数据分析作为依据。

2. 确保主题统一

不论是从视觉或者是从行为学的角度，服装店铺形象都要保证风格统一才能使顾客形成信任感。在店铺设计前，首先要明确品牌的特色和服装产品的风格，分析目标顾客的特点与个性，确立店铺的主题。在设计与实施过程中，要保持店铺外观、天花板、地坪、墙壁、展具、装饰道具的风格与色调的统一性，门头和店内陈列的统一性。

在进行店铺规划设计时，建议将设计任务拆分为主任务—子任务的形式进行逐层设计，确保店铺形象协调统一。

3. 彰显时尚与个性

想要不泯然于众，服装店铺的形象就需要与

周边其他店铺形成差异，彰显出时尚性与独特性，使人眼前一亮。服装店铺设计是彰显时尚、打造个性的过程。风格突出、设计感强的店铺能提高辨识度，使目标顾客产生共鸣，使顾客对服装店铺的认可度更高、印象更深刻，进而增加竞争力。

与此同时，服装店铺的形象设计还需配合有效的宣传方式，建立或聘请专业的营销团队，与设计施工单位密切合作，使店铺更具个性和话题性，吸引流量。

总而言之，店铺是服装品牌对外传播的窗口，想要赢得老客赞誉，将新客引进来、将服装产品卖出去，就要让服装店铺的形象更具魅力和吸引力，符合顾客品位。而服装店铺的外观设计更是起到了户外广告的作用，是店铺形象的"第一关"。

任务二　服装店铺外观设计

对于一家服装店铺而言，外观就相当于是人的脸面，想要吸引顾客就需要多在外观设计上下功夫，既要符合目标顾客的个性，使顾客产生"这就是我的风格"的惊喜，又要有时尚感和美感，提高顾客的审美品味。

随着商品经济的飞速发展，各家服装店铺在外观设计上也不断地变换翻新。无论怎么变化，店铺外观设计都围绕着一个目标——吸引眼球，让更多的顾客进店。

一、服装店铺外观设计的基本概念

服装店铺的外观设计，直接关系到店铺入口的通行量和同外界的沟通程度，因此，在进行店铺的外观设计时，要考虑到设计本身对所售服装风格的反映和影响，最好能围绕服装的档次、营销特点、时尚潮流来设计，从而使外观设计能恰当地发挥宣传的作用。

特别是位于商业区中心的门店，想在竞争对手中脱颖而出，就要在外观上找准自身的位置。所以，将服装店铺外观造型设计得"吸睛"，不仅是向顾客适当展示自己的一种做法，更是商品营销的一种谋略。例如，为了给消费者带来惊喜和愉悦，各大品牌开始利用色彩、图案、动态广告等创意来打破单调乏味，从而在市场中脱颖而出，并吸引人们走进店铺（见图5-2）。

纽约第五大道的LV旗舰店的店铺外立面就像一个盒子，里面醒目地矗立着一位12层高、身着彩衣的模特，自信俯瞰着这座繁华忙碌的大都市。

这就是LV的男装艺术总监Virgil Abloh为新系列发售打造的巨型彩虹男孩艺术装置——Lucas。这引人注目的外观设计，延续了该品牌当季的彩虹潮流活力，同时注入"绿野仙踪"的迷幻概念，从而使店铺能够在城市这片灰蒙蒙的摩天大楼群中焕发出新的生机。

图5-2　纽约第五大道的LV旗舰店店铺外观设计

二、服装店铺外观设计的基本原则

经营者在进行服装店铺外观设计时，需遵循如下基本原则：

1.店铺内外保持清洁。

2.使顾客通过服装店铺外观，在店外能够分辨店铺所售服装产品的风格、档次等信息。

3.入口设置恰当，店门数量、大小适宜，通常经营时间店门敞开。

4.店铺外观色彩适当，与店内装修和谐统一，光照明亮。

5.外立面比例得当，招牌高度适宜，道路和店门之间没有阶梯或坡度，外观设计新颖独特，有识别度。

6.店头有吸引顾客的商品或其他形式的展示。

7.顾客进入店内的通道保持适当的宽度。

服装店铺的外观设计同时也要和周围的环境、建筑风格融为一体，特别是当服装店铺位于具有特殊造型的建筑中时，切记要注意店铺外观与所在建筑的和谐关系。当然，有些服装店铺所在位置不突出的，经营者为使店铺给顾客留下深刻印象，也会做出一些特别的设计（如大型 LED 显示屏、户外巨型雕塑等）以突出彰显的风格。同时也要与所售服装产品的风格、种类、规模相结合，创造新颖实用的设计风格。

任务三　服装店铺门头设计

门头，是指店铺在出入口设置的招牌及相关设施，是一个店铺店门外的装饰形式。整体上说，制作精美的门头是美化销售场所、装饰店铺、吸顾引客的一种手段。

顾客在决定是否进入一家服装店铺的时候，都会看一下店铺的门头以及店铺的装修设计。对于门头有吸引力，装修符合自己品味的服装店铺，一般都会选择进入此类店铺。

一、服装店铺门头设计的基本原则

门头设计对于整个服装店铺的形象塑造起着至关重要的作用。门头不仅是店铺的脸面，还代表了店铺的经营形式与所售服装产品的风格，是吸引顾客进店的第一步。

为达到吸引顾客，提高进店率的目的，门头设计需要遵循如下基本原则。

1.与店内相协调

门头设计要准确体现店铺所售服装产品的风格、主题，反映品牌特色和内涵。能够让顾客快速明确店铺内服装产品的情况，从而判断是否有进店的需要。很多服装店铺在进行店门设计时选择使用钢化玻璃，也常在门头设置橱窗，以便顾客透过店门和橱窗能窥见店内情况，这就要求店铺门头和店内装潢要协调统一（见图5-3）。

2.具有时尚性

门头设计要随着不同时期审美观念而有所变动，相应地改变材料、造型形式以及色彩搭配，以跟上时代潮流。特别是服装店铺，一定要熟知潮流更替与大众审美趋势，体现时尚感（见图5-4）。

3.发挥宣传作用

门头设计要能起到广而告之的作用，其目的是起到宣传店铺经营内容、扩大店铺知名度的作用。特别是对于已经在市场上拥有一定的知名度或者是连锁店比较多的服装品牌，门头的广告性十分重要。设计时可利用橱窗、门头、灯箱、招牌、霓虹灯等各种装饰元素进行图案、文字和造型的设计，全面宣传服装店铺及品牌，加深顾客印象（见

店铺选址于上海市长宁区愚园路 1381-1 号一幢颇有历史的 3 层老建筑。建筑外立面浓郁的时光印痕，使它成为一个有 "element" 的 "场"，符合城市的调性。店铺的基调是：简约、中性和自然，设计师巧用原始建筑混凝土梁板美妙的木模纹理，以及粗糙甚至属于施工瑕疵的混凝土肌理，打造了别具一格的店铺门头。

图 5-3　上海 "element 生活元素" 时尚集合店门头设计
（案例来源：SOHO 设计区　项目设计：有寻建筑设计事务所　摄影：鲁哈哈）

V2K 店铺的门头设计新颖独特，梯形门头设计看上去像雨搭，镶嵌白色发光 logo，字体简洁时尚。正对入口的是造型柱，四面包柱结构由天花板倾斜下来延续到地面，丰富了空间层次，视觉效果张力十足，是 V2K 店面设计的点睛之笔。

图 5-4　土耳其伊斯坦布尔的 V2K 时装店
（案例来源：Fashion Display Design　项目设计：Seyhan Ozdemir, Sefer Caglar　摄影：Ali Bekman）

图 5-5）。

4. 风格独特，辨识度高

一家服装店铺想要在琳琅满目的街道上脱颖而出，门头设计要努力做到与众不同、标新立异，提高辨识度，使顾客看到店铺门头就产生震撼感和情感共鸣。设计师在进行门头设计的时候，可以大胆创新地使用各种夸张的形象和文字来体现

店铺的独特风格（见图 5-6）。

5. 与周边环境相协调

门头设计要与店铺周围环境相协调，切不可太过格格不入。在进行门头设计之前一定要具有全局观念，使服装店铺与周边环境和谐相宜。门头设计不能一味地只追求标新立异，特别是处于独特风格街道的服装店铺，例如拥有大量古老建

　　VAKKOA 是土耳其本土高端时装品牌，该旗舰店共 5 层，建筑物高处悬挂镶嵌 LED 灯具的品牌 logo，门头部位采用深棕色实木结构，搭配简洁时尚的招牌和明亮的橱窗，凸显品牌奢华简约的品质感。

图 5-5　土耳其伊斯坦布尔的 VAKKO 旗舰店

（案例来源：Fashion Display Design　项目设计：Seyhan Ozdemir, Sefer Caglar　摄影：Ali Bekman）

　　近几年在门头设计中加入立体元素成为了潮流，这种方式打破店铺门头惯有的平面形式，在服装店铺外立面创造独特的立体空间，给人耳目一新、眼前一亮的感觉。特别是服装快闪店，立体、夸张的门头设计，也是吸引流量的法宝。

图 5-6　LV2022 男装春夏系列上海（愚园路）快闪店的门头设计

筑的街道、民俗街等,店铺门头设计需因地制宜(见图 5-7)。

6. 考虑经济成本

打造门头不应单靠资金堆砌,还要符合经济节省的原则。门头设计最为重要的是创意,只要富有创意、材料得当,符合自身特点,最终设计出来的门头自然不俗(见图 5-8)。

优秀的门头设计具有极强的视觉冲击度和广告效应,可以自然而然地吸引顾客关注。门头是店铺区别于其他店铺的外部形象,很大程度上反映了店铺的性质与特征,用心的店铺一定会在门头设计上下足功夫。

图 5-7　江苏省苏州市平江路的荷言旗袍文化会馆门头及店铺外立面设计

德赛尼斯杭州文一店采用白色菱形网格将建筑外立面自上而下进行包裹,配合灯箱蓝色发光字招牌,使店铺的门头设计既具整体性又不失通透性,极具创意性又有效控制了成本。

图 5-8　浙江省杭州市德赛尼斯文一店

二、门头的主要构成元素

门头是销售的开始，也是店铺最主要的外部标志。据统计，顾客从被门头吸引到进门，整个事件将在 7 秒内发生。一个好的门头作为顾客与店铺接触的第一触点，不仅能吸引顾客，增加进店率，还能引导顾客形成品牌记忆。

那么，服装店铺的门头设计主要包括哪些元素呢？

1. 招牌

招牌设计是门头设计的重点。每个店铺上都可设置一个门头招牌以展示店名及所售商品。顾客寻找能够实现自己购买目标或值得逛游的服装店铺的方式，主要还是通过浏览门头的招牌。因此，招牌设计要有高度概括力和强烈吸引力，能够对顾客形成强烈的视觉刺激和心理影响。

（1）服装店铺招牌的类型

招牌是指设置在店铺门前作为标志的牌子，主要用来指示品牌名称或所售商品的类型。现代商业中，招牌主要包括以下类型：

① 额头招牌

额头招牌指横向设置在店铺门头顶部的招牌，是最为常见的招牌形式（见图 5-9）。额头招牌具有醒目、易于管理的优点，但若街道过于狭窄，额头招牌的效果将会大打折扣。

② 立式招牌（也称刀式招牌）

立式招牌的视觉方向刚好弥补额头招牌的不足，能吸引卖场左右方向人潮的注意力，不会因街道宽窄而影响广告效果（见图 5-10）。

③ 楼体式招牌

楼体式招牌由于位置高，面积大，故具有视觉距离远、视觉效果显著的特点（见图 5-11）。为使楼体式招牌更加醒目，设计上常采用大面积看板和强烈的视觉刺激素材（如霓虹灯、电子屏等），表现内容通常为简单图像和醒目的单色大字体，如使用电子屏播放广告、秀场视频宣传，效果将更为理想。

④ 墙体式招牌

墙体式招牌通常位于服装店铺出入口左右，是利用墙面制作的招牌，常作为额头招牌的补充，具有醒目、易管理的优点（见图 5-12）。

（2）招牌的常用材料

招牌底板所使用的材料多种多样，现在最常用的招牌制作材料有亚克力灯箱、铝塑板、烤漆玻璃、水泥板、铝板、防腐木、生态木以及广告布、喷绘布等。各种招牌材料的价格档次与适配商品品类也各不相同，例如，烤漆玻璃常用于服装店铺、珠宝店（见图 5-13）等,防腐木多用于咖啡馆、养生会所等，广告布常用于低端门头等。

设计师通常还会在招牌中加入霓虹灯、射灯

图 5-9　上海南京路步行街 PULL & BEAR 精品店额头招牌设计

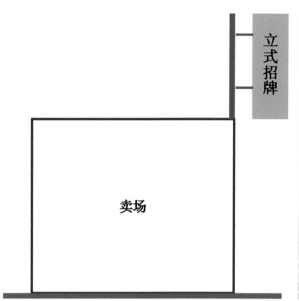

图 5-10　上海 Forever 21 旗舰店立式招牌

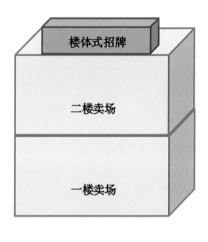

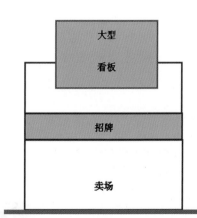

图 5-11　楼体式招牌（顶层式、中层式）
（案例来源：Shop Design Series-SHOP SIGNS/Idea Book 名店）

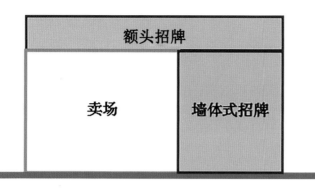

图 5-12　Coach 精品店的墙体式招牌

图 5-13　上海南京路步行街 SWAROVSKI 精品店招牌设计

等灯具,以达到强调和突出招牌、制造光影的效果。

（3）招牌的文字设计

文字是招牌的主体,也是对品牌的展示或所售服装特点的概括。文字设计日益为经营者所重视,一些以标语口号、隶属关系,以及文字和数字、子母组合而成的艺术化、立体化及广告化的招牌文字设计不断涌现。

（4）招牌的文字设计注意事项

① 店名的字形、大小、凸凹、色彩、位置等应不妨碍出入口的正常使用。

② 文字内容必须与本店所销售的商品相吻合。

③ 文字尽可能精简,内容立意要深,又要顺口,易记易认,一目了然。

④ 招牌文字使用的材料要与店铺风格相适宜,例如店铺规模较大、高端考究,可使用金属质地、凸出的立体字,闪闪发光,有富丽、豪华之感。定制烧制的瓷质立体字不易生锈变色,反光强度好,高雅别致。PVC 字、水晶字光泽度好,

制作简便、成本低廉，但光泽易退，塑料易老化碎裂，受冷受热受晒易变形，不能长久使用。木质字制作方便，但日晒雨淋易裂开，需要维护。

另外，设计者还需注意，店铺的招牌设计要和外观设计风格统一，也要和店铺内的装修相协调，整个店的主体色最好不要超过三种。

2. 店门

除防盗外，店门的另一个作用是吸引视线。人们透过店门能够窥视店内的部分信息，使人产生好奇心和兴趣，激发想进去看一看的参与意识。而怎么进去、从哪进去，就需要正确的导入，使顾客一目了然。

（1）店门的类型

根据经营商品特点和开放程度的不同，可以将门店分为以下三种类型。

① 封闭型店门

经营高档商铺，比如珠宝、奢侈品、定制服装店、高端精品店，一般会采用封闭型店门（见图 5-14）。因其商品单价高，顾客购买时要精挑细选，需要更为隐私的空间，所以店门较小且通常虚掩。封闭型设计能很好地保证顾客隐私，彰显店铺的高档次。设计时，服装店铺向街道的一面通常用橱窗或有色玻璃遮蔽起来，让街上的行人看

不清里面的销售情况，也突出了经营商品贵重的特点，为顾客提供安静优雅的氛围，制造神秘感和优越感。

② 半封闭型店门

半封闭型店门大小适中且通常敞开，店门玻璃明亮，多用于中高档服装店铺（见图 5-15）。店中所售服装的档次、价格处于中等水平，顾客购买的时候，一般都较有目的性，预先有所计划。经营者只需将店铺里展示的商品陈列整齐，让顾客看清经营内容，就能引导顾客进入购买。

图 5-14   美国帕罗奥图市 Louis Vuitton 精品店店门设计（案例来源：New Stores in USA 2   项目设计：Gabellini Associates）

图 5-15   经营服装、饰品、鞋包的中高档店铺常用半封闭型店门

③ 开放型店门

开放型店门指服装店铺面向人流的一面全部开放，没有橱窗等遮挡物，顾客可以随意进出，而没有任何障碍。开放型店门适合大众品牌服装店铺，其产品价格较为亲民。店铺需要加大室内环境对外部行人的吸引力，所以通常开放室内卖场。在这类设计中，门店的入口处设计得较为宽敞，顾客可以随便进入，以扩大人流量，提高购买率和购买速度。

（2）店门的规划设置

店门一般根据顾客在营业时段的走向、习性和流量，设置在最容易进出的位置。店门的设置需要参考以下几个因素：

① 服装店铺的自然条件，主要包括店铺外主通道宽度、弯向、人流量，以及前方是否有隔挡及影响店铺外观的物体或建筑，如植物、房屋、立柱、楼梯、电梯等遮蔽店铺的情况。

② 服装店铺的地理条件，主要包括店铺的地形高低、店铺外主通道平坦程度、店铺宽窄和面积、采光条件、噪音影响及太阳光照射方位等。

在店门的设计中，是将店门安放在店中央还是左边或右边，这要根据店铺外主通道的具体人流情况而定。

A. 紧邻单一主通道的服装店铺：

店门通常设置在面向主通道一侧。一般而言，大型服装店铺的店门设置在店铺外立面的中央；开间宽的中大型服装店铺，也常在左右两侧各设置一个店门；小型服装店铺通常只设一个偏左侧或右侧的店门，以便管理，这是因为小型服装店铺店堂狭小，如将店门设置在中央容易直接影响店内实际使用面积和顾客的自由流通（见图 5-16）。

B. 位于路口位置，两侧临主通道的服装店铺：

应以人流量决定出入口的位置，若两侧主通道人流量相当，可考虑在店铺两侧都设置店门。

一般而言，两面开门的情况下，两个店门不会设计成一样尺寸，通常是一大一小。正门设置在卖场面积较宽的一边，或者是面对主干道的一侧；若两侧街道人流量略有差别，则人流量少的一侧店门可设置为侧门，尺寸略小于人流量多一侧的正门（见图 5-17）。

若两侧街道人流量悬殊，例如一侧街道人流量在 70% 以上，那么通常仅在这一侧设置店门，人流量低于 30% 的一侧无需设立出入口，可考虑设计橱窗或海报（见图 5-18）。

从商业观点来看，店门应当是开放性的，所以设计时应当考虑到不要让顾客产生"幽闭""阴暗"等不良心理，导致拒客于门外。通常服装店铺的店门是整洁、明快、通畅的，与门头和店内装饰呼应。

服装店铺店门所使用的材料，较为普及的是

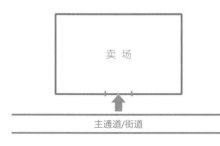

图 5-16　紧邻单一主通道的店铺，店门通常设置在面向主通道一侧
（案例来源：Shop Design Series-SHOP SIGNS/Idea Book 名店）

使用金属质地门框加整面高透玻璃。门框材质最为常见的是铝合金，由于它轻盈、耐用、美观、安全、富有现代感，所以市场占有率较大。近年来，为了使店铺形象更别具一格，有些服装店铺会使用一些其他材料制作店门门框，如木质或木质外部包铁皮或铝皮。无边框的整体玻璃门属于豪华型店门，由于这种门透光性好，时尚高端，所以常用于高档的服装店、鞋包店、首饰店等。

3. 橱窗

橱窗既是门头的组成部分，也是装饰门头、宣传品牌、展示商品的重要手段。一个构思新颖、主题鲜明、风格独特、手法脱俗、装饰美观、色调和谐的橱窗，能够与店铺外观和店内环境构成的和谐的立体画面，起到美化店铺和市容的作用。特别是对于服装、服饰店铺而言，橱窗是一种重要的广告和信息传达形式，体现了品牌信息、流行趋势、商品更新信息、服装搭配等。有关橱窗设计的内容较为庞大，在本项目任务四中会有相应拓展，此处不做赘述。

好的门头设计，在招牌、招牌文字、店门设计与橱窗设计上都要花费大量的心思，做到主题、色调和创意与店内装修装潢设计相得益彰。

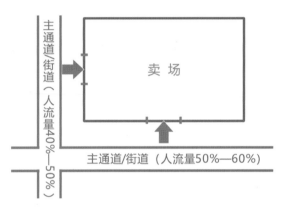

图 5-17　位于路口位置的服装店铺，店门设置需参考人流量情况

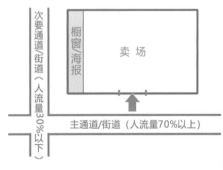

Louis Vuitton 日本东京旗舰店同样位于两条道路交汇处，一侧人流量大，另一侧人行通道较窄，人流量相对较少，故在此侧设置大量橱窗和海报，未设置店门。

图 5-18　位于路口位置的服装店铺，店门设置需参考人流量情况
（案例来源：Louis Vuitton 官网）

任务四　服装店铺橱窗设计

橱窗既是服装店铺总体装饰的组成部分，又是店铺的第一展厅，是展示品牌形象的窗口，也是传递新货上市以及推广主题的重要渠道。

由于橱窗面积较大，所在位置与过往行人视线平齐，色彩、装饰性等较建筑物外观、招牌等更为丰富多彩，且经常更换，故而从服装店铺外观设计的角度看，橱窗占据了顾客视觉的核心位置。橱窗作为服装店门头的重要组成部分，可以起到品牌推广、信息传递的作用，并提高顾客的进店率（见图5-19）。

顾客在进入服装店铺前，都会有意无意地浏览橱窗。所以，橱窗的设计与宣传对顾客购买情绪能够产生重要影响。橱窗的设计，首先要突出服装的款式和特征，同时又能使顾客看后有美感、舒适感，对服装产生穿在身的联想。好的橱窗既可起到介绍商品、指导消费、促进销售的作用，又可成为吸引过往行人的艺术佳作。

一、橱窗设计的目的和意义

橱窗是艺术和营销的结合体，其作用是促进销售，传播品牌文化。

橱窗设计最根本的目的是促进销售。为了实现营销目标，陈列师通过对橱窗中服装、模特、道具以及背景的组织和摆放，来达到吸引顾客、激发购买欲望，促进销售的目的。同时，橱窗也承担着传播品牌文化的作用。橱窗是很好的信息传播阵地，可以反映品牌的文化、个性、风格和时尚信息。

鉴于上述两大作用，陈列师们在进行橱窗设计时，设计思路也呈现不同的方向，有的设计是以展示商品、促进销售为目的，信息传递更为直白，追求立竿见影的效果（见图5-20）。这类橱窗通常在展示服装的同时，还会通过布置POP海报、宣传标语等方式，让顾客立即接收到销售信息（如上新、促销、折扣等）。

有的橱窗设计是以宣传品牌理念，提高顾客的品牌印象为目的，注重品牌文化信息的传达。这类橱窗往往更为含蓄，对背景、道具、氛围等更强调，而商品本身往往会处于次要位置，其他商业信息较少，橱窗主要强调艺术感和氛围感。这类橱窗的设计通常较为夸张、别致，追求日积月累的品牌宣传效应（见图5-21）。

图5-19　上海南京路步行街上引人注目的橱窗设计

图 5-20　以传播产品信息，促进销售为目的的橱窗设计作品（上海南京路 H&M 店橱窗）

图 5-21　以宣传品牌理念，提高顾客的品牌印象为目的的橱窗设计作品（无锡三阳广场橱窗）

二、橱窗的分类和构成要素

橱窗的结构一般由底部、顶部、背板、侧板几个部分组成。根据构件的完整程度,橱窗可分为:

1. 封闭式橱窗

封闭式橱窗即上述构件齐全的橱窗（见图 5-22）。封闭式橱窗与服装店铺内部空间完全隔离，形成单独空间。这类橱窗比较适合空间较大的店铺，以及橱窗面较多的店铺。其优点是不受周围环境影响，能充分表现产品，在设计上更容易营造气氛，体现故事的完整性。缺点是无法透过橱窗玻璃向路人展示店内情况。这类橱窗在高端品牌服装店铺中较为常见。

2. 半封闭式橱窗

半封闭式橱窗即上述构件中设置有底部、顶部、背板、侧板不完全封闭或镂空的橱窗。这类橱窗通常背板与服装店铺内部空间形成半通透的形式。其优点是较为含蓄，布局通透灵活，与店内的陈列能够形成较好呼应（见图 5-23）。

3. 通透式橱窗

通透式橱窗即不设置背板的橱窗，有的甚至不设置侧板。由于没有背板的隔断，顾客可以直

图 5-22　封闭式橱窗（COACH 精品店、无锡恒隆广场 Salvatore Ferragamo 精品店橱窗）

图 5-23　半封闭式橱窗（上海玛莎百货橱窗）

接通过橱窗窥见服装店铺内部空间，这类橱窗最大的特点是具有足够的亲和力，顾客可以近距离触摸产品（见图 5-24）。

　　橱窗按照所处位置，还可以分为店头橱窗和店内橱窗。店头橱窗即位于服装店铺门头，顾客从店外经过时可以看见的橱窗。有时由于服装店铺空间足够大，陈列的商品系列较多，陈列师也会在服装店铺内部某些区域设置人模和道具用于展示商品，即店内橱窗。有些店内橱窗会设置玻璃外墙，有的则是完全敞开的（见图 5-25）。

图 5-24　通透式橱窗
（上海 Juicy Couture 女装店橱窗）

图 5-25　店内橱窗（上海 MUSEX 女装店、Forever 21 旗舰店店内橱窗）

三、橱窗设计的基本原则

橱窗不是孤立的。作为服装店铺的有机组成部分，在进行橱窗设计时必须要把橱窗放在整个卖场中去考虑。另外，橱窗的观看对象是顾客，陈列师必须要从顾客的角度去设计规划橱窗里的每一个细节。

1. 考虑过往顾客的视线

橱窗是静止的，但顾客是运动的。因此，橱窗设计不仅要考虑顾客的静止观赏角度和最佳视线高度，还要考虑自远至近的视觉效果，以及从各个方向路过橱窗时"移步即景"的效果。

为了使顾客在最远的地方就可以看到橱窗的效果，陈列师需在橱窗的创意上做到与众不同，保证橱窗色彩鲜明，灯光明亮，特别是在夜晚还要适当地加强橱窗的灯光。另外，在橱窗设计中，还要考虑顾客侧向通过橱窗时所看到的效果（见图 5-26）。

2. 橱窗和卖场要形成一个整体

橱窗是卖场的一部分，在设计上要和卖场的整体陈列风格吻合，形成一个整体。特别是半封闭橱窗和通透式橱窗，这类橱窗在设计上不仅要考虑和整个卖场的风格相协调，更要考虑和橱窗最靠近的几组货架的色彩相协调（见图 5-27）。

3. 与卖场中的营销活动相呼应

橱窗可以向顾客告知品牌大概的商业资讯，传递服装店铺内的销售信息，这种信息的传递应该和店铺中的活动相呼应。特别是上新、促销、店庆、节日等活动，橱窗在展示出信息的同时，店内陈列的主题也要相匹配，并储备相应商品以配合销售的需要（见图 5-28）。

4. 主题简洁鲜明，风格时尚突出

陈列师不仅仅要做好本店铺的橱窗设计，还需要宏观地把橱窗放到整条街道上去考虑。在整条街道上，各家服装店铺鳞次栉比，各个橱窗争奇斗艳，单个的橱窗只是其中的一小段，顾客在

该橱窗展示的是女鞋，由于女鞋体积较小，在橱窗中展示难以引起过往顾客的注意，故而设计师在橱窗中将商品放大到夸张的尺度，配以鲜明的色彩和强烈的灯光，使顾客无论是从正面观察，还是侧面经过，都能够轻易接收到商品信息。

图 5-26　印度孟买 Tasha 精品店主题橱窗设计
（案例来源：Wide Angeles for BOUTIQUE SHOPS　项目设计：Ken Nisch, Gordon Eason
项目施工：JGA　摄影：Khurshed Poonawala）

图 5-27　半封闭式橱窗和通透式橱窗在设计时需要与服装店铺内的风格、色彩、照明等相协调
（左图：爱马仕郑州丹尼斯大卫城专卖店，右图：长沙天虹 CC MALL 哥弟专卖店）

　　Sticks 该季的新品以传统游戏"MIKADO"（米卡多游戏棒）为主题，橱窗设计延续了新品的设计主题，以色彩艳丽的细木棒相互交错形成阵列。店内陈列与橱窗主题、色彩相协调，整个店铺由外而内充满了童趣、时尚的氛围。

图 5-28　东京 Sticks 专卖店 MIKADO 主题活动
（案例来源：Wide Angeles for BOUTIQUE SHOPS　项目设计：Emmanuelle Mouraeux）

单个橱窗前停留也就是小小的一段时间，如同影片中的一个片段，稍瞬即逝。因此，橱窗的主题一定要简洁鲜明，选好主次不能杂乱，要用最简洁的陈列方式告知顾客需要表达的资讯。在设计上需要风格突出，才能更好地吸引顾客的关注。

四、橱窗设计的常见表现手法

一个服装店铺的陈列设计，重点在于橱窗设计，而橱窗设计的重点在于创意。通常，橱窗设计是以展示本店所经营销售的商品为主，巧用布景、道具，以背景画面装饰为衬托，配以合适的灯光、色彩和文字说明，是进行商品介绍和品牌宣传的综合性广告艺术形式。

陈列师在做橱窗设计时，往往灵感的来源广泛，但如何筛选和使用，如何使橱窗贴合品牌风格和当季营销方案却并不简单。橱窗设计的灵感主要来源于：

1. 时尚流行趋势主题

2. 品牌的产品设计要素

3. 品牌当季的营销方案

在获取了灵感后，陈列师需设定设计主题，并根据主题展开设计活动。橱窗设计首先要突出商品的特性，同时又能使橱窗布置和商品展示符合顾客的一般心理行为，即让顾客看后有美感、舒适感，对商品有好感和向往心情。好的橱窗布置既可起到介绍商品、指导消费、促进销售的作用，又可成为店铺门前吸引过往行人的艺术佳作。橱窗设计的表现手法多种多样，陈列师常用的手法主要有以下三种：

（1）寓意与联想

寓意与联想是运用部分象形形式，以某一环境、某一情节、某一物件、某一图形、某一人物的形态与情态，唤起消费者的种种联想，产生心灵上的某种沟通与共鸣（见图5-29）。

（2）夸张与幽默

将商品的特点和个性中美的、有趣的、独特的因素合理夸大，强调事物的某些特质，给人以新颖奇特的心理感受。贴切的幽默使人感觉亲切有趣，令人眼前一亮，印象深刻（见图5-30）。但

波司登冬季橱窗以白色人造皮毛结合特殊造型灯具拼装出猛犸象头部，突出冰河时代的寒冷感，以此来展示羽绒服防寒保暖的特点。

图5-29　采用寓意与联想手法的橱窗设计作品（上海南京路波司登服装店橱窗设计）

爱马仕的这组橱窗，用夸张的卡通形象作为背景，与产品产生了有趣的互动，增加了橱窗的幽默感和趣味性，令人眼前一亮。

图 5-30　采用夸张与幽默手法的橱窗设计作品
（上海淮海路爱马仕旗舰店橱窗）

需要注意的是，使用夸张与幽默的手法进行橱窗设计时一定要立足产品，不能让幽默感如脱缰野马一般越跑越远，要做到张弛有度、收放自如。

（3）直接展示

在橱窗设计中使用减法，将道具、背景元素减少到最小程度，让商品自己说话。在使用直接展示手法的过程中，陈列师往往运用各种技巧，通过对商品的折、拉、叠、挂、堆，充分展现商品自身的形态、质地、色彩、样式等。有时陈列师也会通过海报、道具等方式使商品的特征达到直击眼球、印象深刻的目的（见图 5-31）。

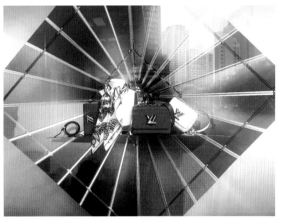

　　Louis Vuitton 无锡八佰伴店橱窗，橱窗展示的产品为丝巾女包等配饰。产品体量较小，置于巨大的橱窗中不易被顾客关注。设计师将产品固定于橱窗正中心的醒目位置，利用道具采用类似放射造型强化视觉中心点，道具排列规律整洁，色彩与产品协调呈渐变效果，很好地强化了产品。

　　图为 Jean Paul Gaultier 纽约店的店内橱窗，展示产品为香水。香水体量小，在橱窗中极易被忽视。设计师将香水瓶置于玻璃罩中，重复而又规则地悬挂在橱窗里，统一协调而又有视觉冲击，中心处采用与香水瓶相似的半透明女性半身像将香水瓶体量放大，强化顾客对产品的印象。右图为上海一家男士西服定制店的橱窗，橱窗采用半身人模和裤架直接展示产品，为强调产品的风格，设计师采用了典型的欧式装修，并用礼帽、皮鞋、手提箱等强化这一特征。另外使用缝纫机以及挂在人模颈部的皮尺强调该店铺能够提供量身定制服务的经营特征。

图 5-31　采用直接展示手法的橱窗设计作品

五、服装店铺的橱窗管理

　　相较于高端品牌对于橱窗的大量投入，比如橱窗的陈列装饰通常一两个月就需要整体更换，大部分服装企业更愿意将资金投入到使用期限较长的店铺装修上，而对于橱窗的资金投入则相对有限。这就需要陈列师做好橱窗管理工作，利用有限的资源达到更高的效率。

　　对于服装店铺而言，橱窗管理主要包括以下几个方面：

1. 成本控制

　　将有限的资金合理应用，需要陈列设计师的

精打细算。首先，需要对现有材料和道具的制作了如指掌，通过设计改造，用最少的投入达到最好的效果；其次，每一期橱窗更换后，应将道具回收、保管，并建立相关账目，以便进行二次设计，重复利用。

2. 制定易于实施的方案

制定的陈列方案要便于实施。同样的橱窗设计方案，条件较好的旗舰店、形象店等自然发挥空间比较大，易于实施。但对于大多数服装店铺，尤其是商场内的店中店来说，方案实施的可行性评估就显得非常重要。陈列设计师要顾全大局，了解每个商场的规定，比如：天花板、地面的使用要求，哪些装修材料受到限制等。最终设计出适合品牌旗下所有店铺推广、实施的方案（见图5-32）。

图5-32　对于中小型服装店铺和商场内的店中店而言，橱窗空间较小，限制条件较多，在进行橱窗设计时需综合考虑店铺具体情况，制定易于实施的方案。
（上海芮欧百货橱窗设计）

3. 橱窗内商品出样

陈列商品时，应先确定主题，无论是多种多类或是同种不同类的商品，均应系统地分种、分类依主题陈列，使人一目了然，切勿乱堆乱摆分散顾客视线。商品数量不宜过多或过少，要做到使顾客从远处、近处、正面、侧面都能看到商品全貌。富有经营特色的热点商品应陈列在最引人注目的位置。

在进行商品搭配和摆放时，橱窗的横中心线要与顾客的视平线相等，保证橱窗内所陈列的主要商品能被展示在顾客视野中。模特穿着的服装、配饰等搭配和谐丰富，提高信息推广效率。橱窗内陈列的商品必须是店内出售的畅销商品或促销商品。橱窗陈列季节性商品必须在新季到来之前一个月预先陈列展示，以达到预热宣传的作用。

4. 及时更换橱窗，保持新鲜感

橱窗陈列需勤加更换，尤其是有时效性的宣传以及陈列容易变质的商品时，要特别注意。橱窗的更换或布置一般在人流较少的非营业时间完成，通常必须在当天内完成。

服装店铺的橱窗往往会随着产品的上新进行更换，通常频率为1—2个月一次大更换。而在这么长更换期内橱窗中的产品并不是一成不变的，也需要根据实际情况进行调整。有的品牌在橱窗中布置不变的情况下，模特出样保持三天一小样（换颜色），七天一大样（换系列）的更换频率，有的品牌则会根据店内产品销售情况和库存情况，将模特身上库存少的产品及时撤换成库存多的产品，并重新进行组织搭配。通过这样的小调整，在橱窗展示道具及装饰品不变的情况下，将展示的商品进行更新，既可以保证产品信息推广的全面性，又能给予顾客新鲜感。

5. 道具管理

容易液化变质的物品如食品，有安全隐患或

变形风险的物品如气球，以及日光照晒下容易损坏的物品，最好用模型代替。

6. 安全及卫生管理

在橱窗设计中，必须考虑防尘、防热、防淋、防晒、防风、防盗等问题，要采取相关的措施。橱窗应经常打扫，保持清洁。脏污的玻璃，布满灰尘的橱窗会给顾客留下不好的印象，引起对品牌的怀疑或反感，进而失去购买的兴趣。

7. 照明管理

橱窗的照明不仅要有美感，同时也要对商品起到视觉强化和气氛烘托的作用。

在橱窗设计和实施中，陈列师需要对照明进行多次调试，调试内容包括照明角度、强度、层次、色彩等，使橱窗内灯光层次分明，重点突出，具有表现力，避免平均、单一的亮度。此外，为配合不同季节的商品陈列，照明要注意色温的协调性。橱窗照明是针对过往行人而设计的，因此，橱窗内的亮度应比卖场高出 2—4 倍。

【任务实施】

任务 1：

实地调研一家服装店铺，研究该店铺的外部环境与外观设计。

要求：

1. 结合该店铺所在建筑、外部环境，客观分析该店铺建筑设计、门头设计、橱窗设计的特点。

2. 结合该店铺风格定位、邻近店铺外观等，分析该店铺外观设计方案，并剖析其带来的视觉效果与营销效果。

任务 2：

以任务 1 中调研的店铺为目标，重新构思该店铺的设计主题，完成店铺外观设计。

要求：

1. 根据调研数据与服装产品风格定位，分析并确定店铺外观设计的风格、布局、色彩方案等，并绘制店铺外观设计初稿。

2. 结合该店铺风格定位、人体工学原理与美学原理等，进一步细化设计图纸，绘制外观设计立面图。

3. 该模块内容以服装店铺外观设计为主，最终要求学生汇总，并在后期拟定《服装店铺设计与规划方案》。

项目六　服装店铺空间规划

【本章引言】

服装店铺空间规划设计最终目的是为顾客提供一个良好的购物环境，使顾客更好地感受时尚信息、享受现代生活，合理的店铺空间规划也可以为投资者打造能够更好实现独立品牌商业活动的场所。

店铺规划对一个店铺的元素组成和持续经营往往造成非常重要的影响。以至于目前在设计领域内，针对店铺规划布局专门形成了又一细分行业。店铺规划设计不同于寻常建筑设计，因为它考虑的不只是建筑力学、材料学等方面的硬件因素，更多考虑的是"人"这个要素。店铺规划设计考虑的人的需求、人的习惯、人的体验，以及如何能让人得到更多的享受和满足，在满足了"人"这个要素的前提下，最终使服装店铺场所得到持续的发展。

因此，在规划店铺过程中需要遵从以下原则：

1. 制造视觉秩序。制造空间、器具和商品属性的秩序。就是将卖场空间、器具、商品按一定规律进行排列和分布。

2. 传递美感。按美的规律进行组织性的视觉营销，使服装在视觉上最大限度地展示其美感。营造更好的消费体验、展示品牌价值。

3. 促进销售。通过有意识的商品组合，如进行系列性的组合，开展连带性的销售，来获取更高的进店率、更多的试穿率、更好的连带销售。

【训练要求和目标】

要求：通过本项目的学习，帮助学生学习店铺空间规划与布局各项要求与基础标准，掌握店铺规划设计要素。

目标：能够根据预设的服装品牌情况和综合调研结果，结合前期完成商圈、店址的选址等任务后，按照相应主题与店铺实际情况，开展服装店铺规划与布局工作。

【本节要点】

- 店铺空间规划
- 店铺空间布局
- 顾客动线分析和通道设计

本项目资料、微课及案例资源可扫描本书后勒口二维码学习。

任务一　服装店铺空间规划

一、常见的店铺平面形状与空间规划

在完成商圈、店址的选址后，投资者需要针对店铺与周围环境的相对位置以及店铺具体空间形态的使用进行再次的空间规划。独立店铺的空间规划需要经历以下过程：

1. 店铺整体状况评价

（1）店铺的平面形状以规整的方形为最佳，圆形和异形空间不便于规划和使用。

（2）一般而言，店铺的开间：进深 =1:1.5 左右最佳（见图 6-1）。

店铺开间（W）指观察者面对水平空间时，视野方向的空间尺度，也称为面宽。进深（D）指观察者面对空间时顺着视线方向的、与开间成垂直关系的空间尺度。

（3）从立面上看，店铺地面与店前道路路面最好没有高差。

2. 店铺平面形状评估

独立店铺常见的平面形状主要有如下几种：

（1）面宽型：店铺平面尺寸开间比进深大的空间：W>D。

开间提供了较大的展示空间，可以设计大面积的橱窗，自由开设店铺入口；但是进深不足会让店内空间布置受到局限，而且过大的入口和橱窗会让消费者产生一览无余的感觉，使路过的人难以产生好奇感，不利于营造进店的吸引力（见图 6-2）。

（2）进深型：店铺平面尺寸进深比开间大的

图 6-1　开间：进深为 1:1.5 的服装店铺（PEACEBIRD 南京虹悦城店）

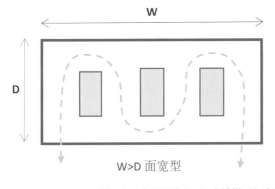

W>D 面宽型

图 6-2　空间尺度 W>D 店铺样图与案例（ZUC ZUG 素然上海静安区商圈店铺）

空间：D>W。

这类店铺给人以安全感，适合经营品牌服装、贵重首饰、钟表、眼镜等商品，进深空间可以让消费者在店铺内停留较长的时间（见图6-3）。

（3）细长型店铺：店铺平面尺寸进深尺寸比开间大，而且比例比较悬殊的空间：2W<D。

这种店铺由于进深尺度相对加大，开间展示有限。过深的店内空间，会使消费者不容易产生进入的欲望，所以需要诱导消费者进入。这类店铺在设计中重点需要放在陈设布置方面，在店铺深处的展示亮点可以吸引消费者走进店铺深处（见图6-4）。

二、特殊的店铺平面形态与空间规划

1. 角店

角店即街角有两面墙临街的店铺，在考虑开门和橱窗设置位置时，街道的人流量是一个重要的参考点，街道的宽窄同样影响到店面和橱窗展

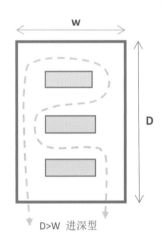

图 6-3　空间尺度 D>W 店铺样图与案例

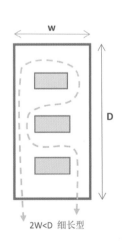

图 6-4　空间尺度 2W<D 店铺样图与案例 (In´S 常州吾悦广场店)

示的最佳视距。角店需根据两侧道路的人流比例和店铺的面积、形状等实际情况进行规划。

2. 大开间型店铺

（1）大开间型店铺由于开间较大，可以沿开间方向开设两个入口，以陈列架或展示柜引导人流，减弱进深短带来的空间局限（见图6-5）。

（2）在开间方向的位置设置入口和橱窗展示，把入口放在一侧，店铺内部构成进深型的空间（见图6-6）。

3. 极深型店铺

由于这类店铺进深远大于开间，顾客难以通过店铺前段观察到店铺后方的情况，使顾客仅在店铺前段浏览后便失去兴趣，不再深入店铺内部。为解决这一问题，首先要吸引顾客注意力到A点，再利用A点到最里面的B点，通过照明可以加强店内的空间层次，使顾客在店内巡回停留。店内空间依据空间条件沿进深方向的直线展示分布，相应的人流动线也是简单的直线形（见图6-7）。

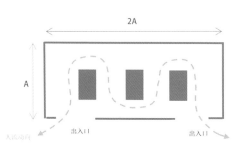

图6-5　大开间（出入口设置）店铺样图与案例（TSUMORI CHISATO 上海淮海路商圈店）

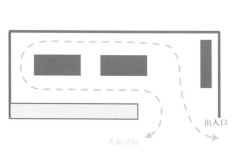

图6-6　大开间（出入口设置）店铺样图与案例（深圳 Short Sentence 万象天地店）

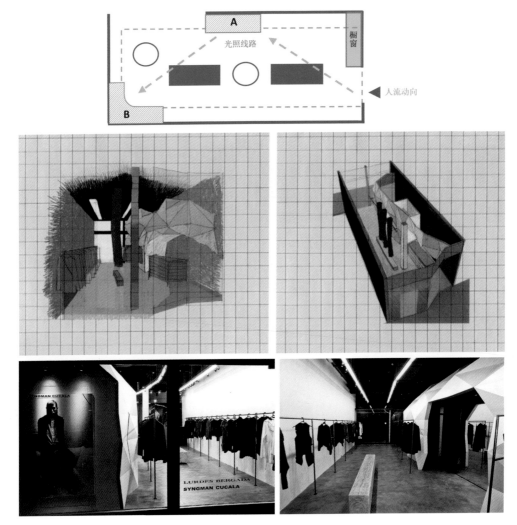

图 6-7 进深型店铺平面规划样图、空间规划案例
(案例来源: Idea Book 项目设计: Ignasi Liauradò, Eric Dufourd, Dorien, Dear Design
地点: Barcelona, Spain 摄影师: Pol Cucala)

任务二 服装店铺空间布局

空间设计对于一家店铺非常重要,精心规划的店铺设计能极大地促进店内销售业绩的提升。科学合理的店铺空间布局,能合理分配店铺中商品的分布,使顾客在店铺内停留更长时间,充分利用店铺的每一寸空间,最大限度地提升销售额。

一、店铺空间布局的原则

1. 延长顾客动线和驻店时间

通过店铺空间布局及各种陈列方法,结合商品配置、色彩规划、照明设计等,激发顾客的兴趣,延长顾客在店铺内浏览走动的路线,使其愿意在店铺内"看—取—试—买",延长顾客在店铺内停留的时间，进而达到提高销售的目的。

2. 通道流畅，宽度适宜

店铺的通道设计是为了使顾客能够方便进入店铺并浏览全部商品，鼓励顾客享受浏览商品、触摸试穿的乐趣。因而在店铺布局时，应尽量考虑到顾客挑选商品的流畅性。通道设计需注意保持适宜的宽度，平坦少拐角，没有障碍物。

3. 重点突出，层次分明

对店铺进行空间划分，可以使店铺中的商品陈列与展示层次分明。对于服装店铺而言，氛围的营造至关重要。合理的空间布局可以创建焦点，吸引顾客走入店铺，浏览商品，让店铺看起来重点突出，不混乱。

4. 便于货品推销和管理

对店铺进行空间划分，可以使店铺的格局清晰，方便顾客活动，也便于管理。对于服装店铺而言，合理的空间布局可以使顾客进店—浏览—试穿—结账的过程更加流畅，也可以使投资者的销售活动和管理活动更加便捷迅速。

二、服装店铺空间布局分类

由于店铺经营类型和方式的不同，以及思考角度的不同，店铺空间布局的分类形式多种多样。鉴于服装类店铺特殊的经营管理模式和陈列展示方法，通常将服装店铺按以下方式进行空间布局划分。

1. 按店铺空间位置划分

（1）外场

服装店铺的外场即顾客在店铺外部可视的部分，主要包括店铺外观、招牌及 logo、橱窗展示、POP 广告、出入口、店外景观、停车场等（见图6-8）。

（2）前场

前场主要指店铺内部的前端区域，前场担负着商品展示和销售服务功能，也是顾客进入店铺后浏览橱窗—试穿—购买商品的主要区域（见图6-9）。服装店铺的前场主要包括专柜区、顾客休息区、收银台、试衣间、视觉导引、商品分类配置、顾客动线规划、色彩及照明、贩促气氛营造。

图 6-8　位于美国 West Hollywood Melrose 大道 8626 号的 ALBERTA FERRETTI 服饰精品店外场设计
（案例来源：Wide Angles for BOUYIQUE SHOPS　项目设计：Simon Mitchell, Torquil Mcintosh, Craig Hoverman
项目施工：Sybarite Ltd　摄影：Jimmy Cohrssen）

图 6-9　位于美国 West Hollywood Melrose 大道 8626 号的 ALBERTA FERRETTI 服饰精品店前场设计
（案例来源：Wide Angles for BOUYIQUE SHOPS　项目设计：Simon Mitchell, Torquil Mcintosh, Craig Hoverman
项目施工：Sybarite Ltd　摄影：Jimmy Cohrssen）

（3）后场

后场往往位于店铺的后方或后侧方隐蔽处，服装店铺的后场主要包括办公区、员工休息区、储存仓库、加工作业区（提供修改尺寸、量体等服务）、洗手间等（见图 6-10）。

2. 按照功能区域划分

按照功能区域划分店铺空间布局的方式对于服装店铺较为科学，也便于管理，是服装店铺空间布局构成最常见的划分方式。这种划分方式是根据顾客的消费习惯和投资者销售和管理方式，将店铺的空间划分为导入区域、营业销售区域和服务辅助区域（见图 6-11）。

（1）导入区域

卖场的前端，主要包括店头、橱窗、流水台、POP 广告等，是第一时间与顾客接触的区域，其功能是在第一时间告知顾客卖场产品的品牌特色、透露卖场的营销信息，以达到吸引顾客进入卖场的目的（见图 6-12）。导入部分是否能够先声夺人将直接影响到顾客的进店率以及卖场的营业额。通常，服装店铺的导入区域主要包括：

① 店头

通常由品牌标识或图案组成，设计往往简洁明快，高度需考虑行人视野（见图 6-13）。

② 橱窗

由模特或道具组成的一组主题，形象地表达品牌的设计理念和卖场的销售信息，反映品牌个性和当季主推产品特色（见图 6-14）。

橱窗陈列是品牌的眼睛，能够在第一时间向消费者传达品牌理念、流行趋势、当季产品的风格主题、商品个性特色等信息，并塑造商品氛围，

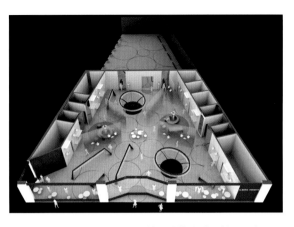

图 6-10　位于美国 West Hollywood Melrose 大道 8626 号的 ALBERTA FERRETTI 服饰精品店的店铺规划图，由图可见，该店铺中的办公区、员工休息区（小厨房）、仓库、加工作业区、洗手间等设施集中于店铺左右两侧的隐蔽处。
（案例来源：Wide Angles for BOUYIQUE SHOPS　项目设计：Simon Mitchell, Torquil Mcintosh, Craig Hoverman
项目施工：Sybarite Ltd　摄影：Jimmy Cohrssen）

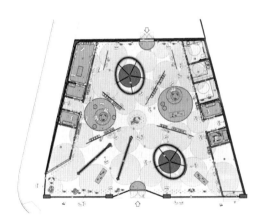
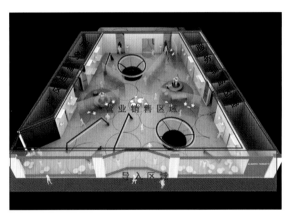

图 6-11　位于美国 West Hollywood Melrose 大道 8626 号的 ALBERTA FERRETTI 服饰精品店的店铺规划图，按照功能进行空间布局划分。
（案例来源：Wide Angles for BOUYIQUE SHOPS　项目设计：Simon Mitchell, Torquil Mcintosh, Craig Hoverman
项目施工：Sybarite Ltd　摄影：Jimmy Cohrssen）

图 6-12　KOERONS 四川旗舰店导入区域设计
（案例来源：Wide Angles for BOUYIQUE SHOPS　项目设计：Pan Hongbin,Xie Jiansheng,Huang Zhuorong,
PANORAMA Company　项目施工：Stainless steel, LED light　摄影：Wu Xiaofeng）

图 6-13　杭州 phew 线下商店店头设计
（案例来源：SOHO 设计区　项目设计：say architects　项目施工：杭州优办装饰有限公司　摄影：汪敏杰）

图 6-14　Max Mara 旗舰店橱窗与 Marisfrolg 专卖店橱窗（南京新街口商圈）

是能够直接影响消费者对品牌认知度的重要因素。

③ 流水台（陈列台）

通常位于店铺出入口附近的醒目处，与橱窗呼应，摆放重点推荐或能表达品牌风格的款式，用一些造型组合来诠释品牌风格、设计理念、销售信息等，有单个和组合（子母式）之分（见图6-15）。如店铺面积较大，有时也会在各分区另设流水台以展示商品。

④ 出入口

包括店铺招牌、店门等，卖场出入口的尺寸、

造型等需与品牌定位相适应（见图6-16）。

⑤ POP 广告

放在卖场入口处，同图片和文字组合的平面POP告知卖场的销售信息。

⑥ 建筑物外观

大型店铺、旗舰店的体量巨大，通常开设在繁华街道边，常有多层建筑结构并包含所在建筑的外立面（见图6-17）。投资者在开设店铺时需要在建筑物外观设计上花费大量的精力和成本，以保证店铺突出醒目，使过往行人印象深刻。故而，

图 6-15　Galaxie Lafayette 柏林专卖店的流水台设计

（案例来源：Idea Book　项目设计：Plajer & Franz Studio, Mr. Jochen Buder　地点：FranzÖsische Strasse 23, 10117 Berlin, Germany　摄影师：diphotodesigner. de, Ken Schluchtmann）

图 6-16　左图：云南昆明·W. DRESSES 婚纱礼服定制空间，右图：成都·塬谷 – hug 城市旗舰店

图 6-17　左图：LOUIS VUTTON 上海店，右图：PRADA 上海金融中心店的建筑物外观设计

这类店铺的导入区域还包含了建筑物的外观设计。

（2）营业销售区域

卖场的核心，是进行产品销售的地方，该部分规划的成功与否直接关系到销售情况。

营业部分主要由各种展示器具组成，展示器具是商品展示陈列的道具。服装店铺中商品展示陈列的道具由于展示商品不同，尺寸大小各有差异，如：柜台、橱窗、货架、展台等。可按照形状、高矮、位置、功能等分类（如图 6-18）。在货架设计过程中应当遵循以下原则：

①符合商品陈列的尺度。

②符合人体工程学。

③符合产品风格和美学的造型及尺度。

展示器具的形式要根据商品的特点进行设计和选择，挂、镶嵌、堆积、平面摆放等展示形式决定了展示器具的大小和造型，合理地摆放展示器具才能更好地为顾客展示商品的信息和特点，从而起到促进消费的作用（见图 6-19）。

排列货架和展具时需注意几点事项：

①货架及道具原则上需整齐有序，为避免遮挡视线，摆放上通常店铺中间的区域货架低，沿墙的区域货架高。

②高架（柜）沿墙以节省空间，不宜单独放置。饰品柜通常置于收银台、试衣间附近，以期产生连带销售。

③货架构成通道以引导顾客。

④货架、道具之间相互组合，形成系列销售区。

（3）服务辅助区域

主要包括试衣间、收银台、顾客休息区、改衣区等，辅助卖场销售活动，为顾客提供侧面服务、收银服务、包装商品所需要的空间，使顾客更好

6-18　服装店铺常见的展示器具

图 6-19　服装展示器具排放案例（南京新街口商圈 摄影师：Apache DaXiong）

地享受品牌超值服务。

① 试衣间

消费者在决定购买服装之前，一般都要试穿产品，试衣间就是为消费者提供试衣、换衣的空间。试衣间应该是一个醒目又相对封闭的空间，其数量的设置根据店铺空间而定。

试衣间大小适宜，平面长宽在 1 米左右，安装位置需根据店铺实际情况、品牌定位、销售手段而定，试衣镜与试衣间之间的空间设置应合理、宽敞（见图 6-20）。

② 收银台

收银台是消费者付款结账的区域，且收银台

图 6-20　试衣间规划案例 (H&M 嘉里中心店)

前需留有空间，空间大小与品牌定位、客流多少相适应，一般会设置饰品架等贩售小型商品的货柜货架，起到连带销售作用。收银台的长度依照卖场空间和收银服务需要而定，通常以1.2—1.6米较为适宜，宽度以0.5—0.7米较为适宜，高度一般以0.9—1.2米较好。

③休息区

服装店铺不仅是品牌销售的场所，更是品牌与消费者直接沟通的空间。逛商店已经成为现代人生活的一部分，向顾客提供更加舒适、人性化的购物环境无疑会提升品牌的形象。休息空间可以增加消费者在店内停留的时间，为陪"逛"者提供休息等候的条件，使"真正"的消费者无所顾忌地选择商品，大大增加购买的可能性（见图6-21）。

④库房／员工休息室

为了维护店铺展示的美感，售卖商品不会全都陈列在展示器具上，在店内设置库房，提供销售货品的补充是非常必要的。商品库房可以很好地解决这一难题，另外员工休息室为节省空间往往和库房设置在一起，一般在店铺内比较靠后的位置，相对比较隐蔽。

图 6-21　顾客休息区规划案例 (MM 麦檬上海旗舰店)

任务三　顾客动线分析和通道设计

动线是指顾客在店铺内移动的点与点之间的连线。简单来说，就是顾客在店铺内由一个功能区走到另一个功能区的路线，也就是顾客在店铺内的活动轨迹。在店铺空间中，顾客总在变换着姿态，并且人体本身也随着活动的需要而移动着位置，从而形成了活动空间与人流动线。动线设计的科学与否直接影响着顾客的合理流动消费（见图 6-22）。

一、顾客动线分析

顾客动线规划是卖场布局的重点，其目的在于有效引导顾客浏览店铺的每一配置区，提高卖场整体的环游性、减少店铺死角，方便顾客走动，消除顾客的疲倦感。

那么，应该如何设计顾客动线呢？作为经营（设计）者可以从以下角度入手：

1. 要设计合理、科学、流畅的流动线，需考虑人流、物流及顾客动线

（1）人流

即商业空间结构要最大化地满足人们的进出和人们视线对商品的浏览，这种流动线的物化就是视线空间和走道。

（2）物流

即可以轻松实现商品进出的空间。如果没有设计足够宽敞的通道，货品与人流动线互扰，就会影响到消费者，而拥挤会直接影响店铺形象和销售业绩。

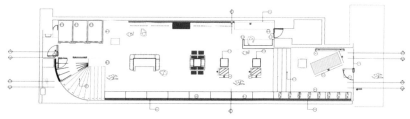

该店铺为进深型空间，进门后留有宽阔的展示通道，可容多人行走和驻足欣赏两侧展示的商品。

图 6-22　土耳其伊斯坦布尔的 V2K 时装店
（案例来源：Idea Book　项目设计：Seyhan Ozdemir, Sefer Caglar　地点：Nisantasi, Istanbul, Turkey
摄影师：Ali Bekman）

（3）顾客动线

消费者从入口进来到出口结账所走的路线，应遵循卖场入口、主要动线、次要动线、收银区、卖场出口的顺序进行设计，按照"醒目→易进入→易了解商品→舒适→易购买"的总原则进行规划，顾客动线可分为主要动线和次要动线。

2. 根据店铺大小合理规划顾客动线

（1）小型店铺（45—100 平方米）规划动线应注意：

①开放式卖场，可规划成面对面的贩卖动线。

②纵深型的卖场，应通过加强照明和色彩效果的方式使店铺后段变得活泼有趣、引人注目。

③加强靠墙壁的主动线的顾客指引功能；系统地结合相关商品群，提高顾客的连带购买欲望。

④规划前先确定收银区及其他辅助功能区（如服务台、试衣间等）的位置；卖场中间陈列架不宜过高，以免影响整体视线。

（2）中型店铺（100—200 平方米）规划动线应注意：

①设计卖场布置图时先确定大格局及重点配置区；统计分析来客数与顾客在卖场停留时间。

②考虑主副动线的关系比率，并计算宽度；使用单行进方向，引导顾客由入口走到卖场终点。

③考虑平面动线与立体动线之间的关系。

④连接平面和立体的卖点区，并延长顾客动线，形成有连贯性的整体环游状态。

⑤动线要紧密结合各商品陈列点，让顾客看见卖场内所有商品。

⑥特别诱导顾客走向重点区，如特贩区、专柜区和收银区，避免盲区和死角。

3. 顾客动线分类

（1）小型店铺

①一型动线——面积极小的店铺采用，店内的规划只有服务作业空间，顾客仅把柜台商品展示和价格表作为参考点选，属于比较静态的动线方式（见图 6-23）。

②I 型动线——顾客沿店铺四周的路线进行选购，所有商品顺着动线靠壁陈列，动线末端靠近出口设置的收银服务区，纵深型中小店铺适合采用（见图 6-24）。

③N 型动线——顾客绕着中央货架且沿着店铺周围的路线进行消费，适用于店面宽度较窄的中小型店铺（见图 6-25）。

④Ω 型动线——该动线通常强调连贯性的服装陈列和全方位服务，也适用于面对顾客服务频率较高的行业，如电子产品销售等（见图 6-26）。

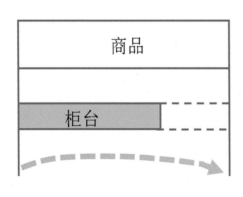

图 6-23　一型动线图与店铺样图（MM 麦檬南京虹悦城店）

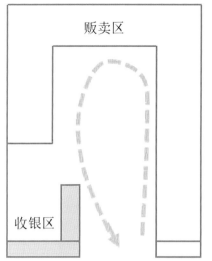

图 6-24　I 型动线图与店铺样图

（Flight Club 店铺样图，案例来源：Idea Book　项目设计：Slade Architecture-James Slade, Hayes Slade
摄影师：Tom Sibley）

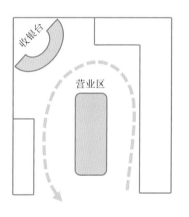

图 6-25　N 型动线图与店铺样图（ICICLE 之禾店铺扬州东关街商业圈）

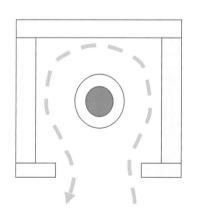

图 6-26　Ω 型动线图与店铺样图（EXCEPTION 上海恒隆广场专卖店）

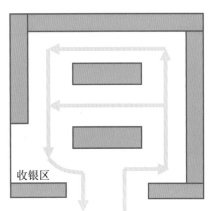

图 6-27　W 型动线图与店铺样图
（店铺样图案例来源：NEW STORES IN USA 2　项目设计：Michael Robinson-Rrobinson Hill Architecture, Newport Beach, CA 1999; New York, NY 2001）

图 6-28　R 型动线图与店铺样图
（案例来源：Wide Angles for BOUYIQUE SHOPS　项目设计：SAKO 地点：江苏苏州真维斯店铺）

　　⑤ W 型动线——商品陈列与动线安排成垂直平行，货架区的规格和动线宽度都力求一致，适合于自助型较高的店铺（见图 6-27）。

　　⑥ R 型动线——店铺宽度不足以摆设直线货架，且顾客流量不是很大的店铺可规划此种动线（见图 6-28）。适合半自助式的卖场。顾客选购时需要店员从旁协助，店内商品只需明亮清楚地展示，顾客的购买习性也只是局部选购，人潮流量不大，无须预留较大的回转空间。

　　（2）中、大型店铺

　　由于中、大型店铺空间面积较大、店铺内货架、

商品更多，故在动线设计中常采用格式迂回动线，即入店铺沿主动线环绕主力商品区，回环游店铺中间的次要商品区，直到收银结账区，形成有规律的迂回路线。中大型店铺空间大，需要定期在店内促销活动拉近与顾客的距离，活跃卖场气氛，带动销售氛围（见图 6-29）。

二、店铺通道设计

　　投资者规划设计好顾客动线后，就需要根据店铺的实际情况进行通道设计。店铺顾客通道是

以一定的人体工程学为依据，根据店铺大小、顾客动线及商品展示形式等规划出来的行走空间，具有行走舒适、易于购物、导向指引等作用。一般而言通道有两种分类方式：

第一种按照通道宽度与人流量对应，分为主通道与副通道。

第二种可按照行走对象分类，分为顾客通道、员工通道、服务通道、后勤通道等。

1. 通道规划的原则

投资者在进行店铺通道规划时需遵循便捷、引导的两大基本原则。

（1）考虑通过性：容易进入，方便通过，同时使顾客能够到达各个角落，避免留死角。

（2）考虑停留空间：卖场的最终目的不是让顾客通过而是使之停留并最终达成销售，故重点区域（如主打款、新款、热销款区域等）要留有绝对空间。

2. 通道规划的宽度

在规划通道的宽度时，需要综合考虑店铺的实际情况（店铺面积、货架数量等），并将通道分解成主通道和次要通道，再依据通道主次和两侧商品的情况进行通道规划。

主通道，穿过主力商品区，一般而言，卖场动线宽度没有固定尺寸，但却有通用宽幅，以每人平均 0.6 米肩宽为基准，主要动线一般在 1.2 米左右（见表 6-1）。

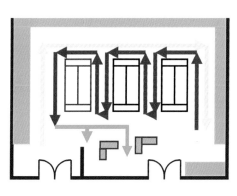 

图 6-29　格式迂回型动线图与店铺样图（NOME 日用百货店上海嘉里中心负一层）

表 6-1　不同面积的店铺主动线适宜宽度

店铺类型	店铺面积	主动线宽度	备注
小型店铺	45—100 平方米	0.9—1.2 米	受店面宽度及陈列柜影响致使主动线无法设定为最小 0.9 米宽度时，应考虑将卖场配置规划为半自助式，以加大主动线尺寸
中型店铺	100—200 平方米	1.2—1.8 米	如卖场受陈列货架影响，可将缩减的尺寸平均规划在较末端的主动线，并将末端靠壁陈列架设计为 0.45 米深度的货架形式
大型店铺	200 平方米以上	1.8—2.7 米	受卖场结构柱面、墙体分布的影响，主动线宽度可能出现多种变化，但务必控制在至少 1.8 米以上，若主动线设有面对面销售的贩售区，则该处主动线需要特别加宽 0.6 米

次要通道，穿过卖场中间的次要商品区，其宽度设计比主动线窄，但最小宽度原则上不能低于 0.8 米，卖场面积、商品陈列多少等都是次要通道宽度设计需考虑到的因素（见表6-2）。

3. 常见的通道规划类型

卖场通道需根据商品类型和卖场面积、形状等实际问题进行合理规划。店铺中常见的通道类型（见图6-30）。

（1）直线型通道

即一条单向通道（或辅助几个副通道），使顾客沿同一通道做直线往复运动。主要适用于小型卖场，不适用于大型卖场、不规则场地、过于狭

表6-2　不同面积的店铺次动线适宜宽度

店铺类型	店铺面积	次动线宽度	备注
小型店铺	45—100 平方米	0.8—0.9 米	也可根据需要加宽至 1—1.2 米
中型店铺	100—200 平方米	0.9—1.2 米	人流量较大的店铺，次动线应配合主动线扩大考虑加宽至 1.3—1.5 米
大型店铺	200 平方米以上	1.5—1.8 米	大型量贩店为方便顾客使用购物车，次动线设计应在 2 米以上

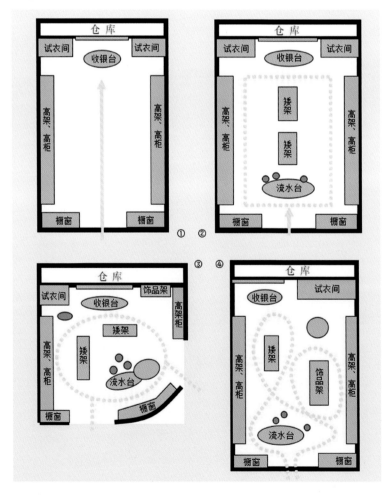

图6-30　①直线型通道　②方形环绕通道　③R 型环绕通道　④自由型通道

长的场地。

优点：布局简洁、一目了然、节省空间、易于寻找货品、便于结算。缺点：生硬、冷淡、僵化、一览无遗。

（2）环绕型通道

可细分为方形环绕、O型环绕与R型环绕通道，一般方形通道设置的店铺中段营业部位会排放小部分中岛架（柜）起隔断作用，展示重点在空间四边，而O型和R型会将重点展示区域放在中岛区域。环绕型通道的目的是使顾客以环形围绕整个店铺。主要适用于较大场地的卖场或中间有货架等设施的卖场。

优点：具有指向性，可有效引导顾客，提高边柜的关注度。缺点：通道冗长容易疲倦。

（3）自由型通道

货架布局灵活，通道呈不规则状，卖场中段无货柜引导，浏览路径自由，主要适合于高端品牌，客流少、场地小的店铺。

优点：使顾客更加放松，顾客可根据意愿随意走动挑选，增加购买机会。缺点：浪费空间、无引导性，顾客路线混乱。

【任务实施】

任务1：

实地调研一家服装店铺，研究该店铺的平面形状特征与空间规划布局。

要求：

1. 客观分析该店铺平面形状特征、区域划分以及商品分区布局特点。

2. 结合该店铺风格定位、人体工程学原理与美学原理等内容，分析该店铺中的通道设计与动线规划方案，并剖析其带来的视觉效果与营销效果。

任务2：

以调研店铺作为目标店铺，设置店铺设计主题，重新构思该店铺的分区形态、动线规划与空间布局。

要求：

1. 根据前期调研数据与陈列主题，分析并确定店铺分区形式与商品的大致布局方向，并绘制店铺卖场平面初稿图。

2. 结合该店铺风格定位、人体工程学原理与美学原理等内容，设计通道位置、宽度并规划动线走向，进一步细化卖场平面图。

3. 取该店铺营业区域内的1—2处，根据陈列主题重新设计该区域商品陈列形式，以此展现店铺立面空间规划视觉效果。

4. 该模块内容以服装店铺空间规划设计为主，最终要求学生汇总，并在后期拟定《店铺空间规划方案》。

项目七　服装店铺氛围营造与店内装潢

【本章引言】

著名市场营销大师菲利普·科特勒说过："消费者购买的是商品的整体，不仅包括商品的实体，还包括包装、售后服务、广告、信誉以及更为重要的交易场所的空间氛围。"显然，良好的终端装潢与氛围，对卖场销售有着非凡的贡献和巨大的意义。如果说卖场是顾客第一时间感受到的视觉空间，那么店内装潢和氛围营造就是传递商品活动主旨、鼓动顾客消费的重要元素。

广义的店铺氛围指顾客在卖场所处环境的气氛和情调，具体而言，店铺氛围 (atmospherics) 是指透过视觉传达、灯光、颜色、音乐及气味来设计购物环境，以刺激消费者知觉及情感反应，使其自发地产生一系列购买欲望和决定的心理变化及行为，进而影响其购物行为（见图 7-1）。

一般来说，店铺氛围从对顾客的感官刺激上来分，大致可分为：

1. 视觉氛围。视觉氛围指被顾客眼睛所能够直接看到的销售氛围，具体包括品牌氛围、整洁氛围、陈列氛围、季节氛围、促销氛围和格调氛围等。

2. 感受氛围。感受氛围指顾客通过卖场的内外氛围和销售服务人员举止表现，在其内心里自发产生的对于卖场的评判标准。它具体包括服务氛围、工作氛围、音乐氛围、专业氛围等。

图 7-1　鄂尔多斯精品店内独具一格的气氛和情调（南京新街口商圈）

关于店铺氛围的营造和提升，绝非小事，每一位卖场经营的管理者都应该花大力气研究和学习。首先应当了解氛围营造与店内装潢对终端销售的作用：

1. 提升零售店的品牌宣传，增强顾客品牌意识。

2. 方便顾客的消费选择，减轻促销员 / 导购员工作压力。

3. 有效引导顾客消费行为，提升零售店销售价值。

4. 有利于零售店差异化经营，形成特色，和竞争对手保持距离。

5. 提供良好消费环境，提升顾客消费愉悦程度。

6. 展示零售企业实力和地位，对消费者形成深层次触动。

本章节将从店铺色彩设计、店铺照明设计、店铺墙体设计、店铺天花板与地板设计、店铺背景音乐及气味五个方面着重阐述店铺氛围营造与店内装潢的实施与参考。

【训练要求和目标】

要求：通过本项目的学习，帮助学生明确店铺氛围营造的基本原则与服装店内装潢的重要性，掌握店铺氛围营造与店内装潢各构成部分的设计要素。

目标：能够根据预设的服装品牌情况和综合调研结果，结合前期完成的《店铺空间规划方案》相关内容，按要求细化方案，设立主题完善的服装店铺氛围构建与店内装饰细节设计企划。

【本节要点】

○ 服装店铺氛围营造的基本原则与价值意义

○ 服装店铺的色彩设计

○ 服装店铺的照明设计

○ 服装店铺的墙体设计

○ 服装店铺的天花板与地板设计

○ 服装店铺的背景音乐及气味设计

本项目资料、微课及案例资源可扫描本书后勒口二维码学习。

任务一 服装店铺色彩设计

店铺内若能有效运用色彩，不仅能塑造商店个性，给予顾客深刻的印象，而且也能产生愉快的购物氛围，刺激顾客的购买欲。因此，店铺内的色彩设计是店铺氛围设计的头等大事，色彩与品牌、室内环境、服装风格都息息相关。

服装店铺的色彩设计主要包括门头的色彩设计（招牌、店门、建筑物外观等）、店内的色彩设计（墙面、天花板、地板等）、展具的色彩设计（货架、货柜、收银台等）。在进行具体设计时，投资者和设计者需首先确定店铺装修的主体色彩，并在此基础上协调搭配其他细节。

由于服装店铺装修不可能跟随流行趋势随时更改店铺的色彩，故而，在店铺装修之初，投资者和设计者需要根据品牌定位、顾客定位等因素选择合适的色彩方案。而与之形成对比的是，店铺装修色彩时效性长，但是店铺内商品的色彩却是跟随流行趋势不断变化的，这就需要投资者和设计者选择主题色彩时还需考虑整体的搭配效果，尽量做到色彩的"百搭"（见图7-2）。

一、店铺色彩的心理感受

有效的色彩设计能够使顾客从踏入店门起便感受到服装品牌独有的魅力与个性，使顾客的感性因素得到激发，最终调动其购买欲望。一般说来，顾客在卖场中对色彩的感受有以下几点：

1.店铺色彩的空间感

色彩的空间感表现为膨胀感和收缩感，因此有人把颜色分为膨胀色和收缩色。色彩的膨胀感和收缩感与色彩的明度有关，明度越高膨胀感越强，明度越低收缩感越强。色彩的膨胀感和收缩感与温度感有关系，一般来说暖色有膨胀感。运用色彩的特性，可以改善空间效果。例如小的空间可用膨胀色以增加空间的宽阔感，大的空间可以用收缩色减少空旷感。

2.店铺色彩的重量感

色彩的重量感主要是由色彩的明度决定的。明度越高的色彩显得越轻，明度越低的色彩显得越重。所以人们还常把色彩分为轻色和重色。

色彩的柔和与绚丽，能够强化或减弱卖场的空间感与重量感。亮丽的色彩可以让顾客感同身

图 7-2 ISSEY MIYAKE 旗舰店的色彩设计

（图片来源：NEW STORES IN USA 2 项目设计：Frank O.Gehry & Associates, GTECTSLLC-Gordon Kipping, New York, NY 2001）

受，并激发年轻爱美女性的兴趣，但是天花板、地板、货架及店内广告最好能够保证协调，同时色彩不要杂乱才能使人感到清爽。而厚重的色彩，会使人感到稳定与庄重，较适合典雅、大气的服饰品牌，当然也要做到浓淡结合为妙，否则颜色过于厚重会使人感到沉闷，抑制购买情绪。具体到应用设计范畴中，亮丽的色彩适合青春女装，而厚重的色彩给人以稳重感，则适合男装与正装（见图 7-3）。

3.店铺色彩的冷暖感

冷暖色调可以再细分，其中冷色调的颜色，分为庄重冷与活力冷两种，比如黑色、灰色等色彩能使人感到庄重与稳定；而亮蓝与亮绿等色彩则会使人感到朝气蓬勃，较适合一些时尚品牌。暖色调的颜色则分为热烈暖与温情暖两种，比如绛红色的墙壁，会使卖场充满媚惑与火辣，而明黄色与亮橙色的墙壁则让人感到年轻与活力。

因此，根据冷暖色调的作用，投资者就需要将自身品牌所诠释的含义及服装的风格进行深入了解，最终结合色彩来设计卖场氛围。

如暖色系（如红色、黄色）的橱窗或入口会吸引行动型的顾客（见图 7-4）。冷色系（如蓝色、绿色等）则比较适合深思熟虑型的消费者（见图 7-5）。

图 7-3   Tally Weiji(左)Paris, France；NY-11-18-02-10（右）New Yort, USA
（左图来源：Idea Book   项目设计：dan pearlman Company   地点：Paris, France）
（右图来源：Idea Book   项目设计：Campaign   地点：New York, USA   摄影：Frank Oudeman）

图 7-4   MM 麦檬上海第一百货店

图 7-5   KERQUELEN，New York
（图片来源：New Stores In USA 2 项目设计：Urs Wolf Architects, NY 2001）

二、色彩的心理效果

店铺内的色彩会对人的心理产生不一样的影响。对同一颜色，不同的人有不同的联想，从而产生不同的感情（见表7-1），所以色彩的心理效果不是绝对的。

店铺色彩的心理效果从两方面表现出来，一方面是对店铺整体视觉产生的美丑感，另一方面是对店铺品牌的感情产生的好恶性。美丑感就是悦目的程度，好恶性会影响人的情绪变化，进而产生不同的联想和象征。

对于色彩的好恶，不同性别、年龄、职业、民族的人，其感受是不同的；在不同的时期，人们对色彩的爱好也有差异，所以产生了色彩的流行趋势，即流行色，这对于设计来说很重要。

如果不把握色彩的流行趋势与店铺品牌理念，不结合每季产品色彩等进行综合考虑，那么店铺整体氛围设计效果便会缺少亮点。

任务二 服装店铺照明设计

目前的商业竞争非常激烈，为了更好地吸引顾客，就要全面考虑店铺内每一个影响购买行为和心理的细节，从商店装饰材料的选择，到柜台的摆放再到店铺的照明设计。在诸多因素中，照明可谓变化无穷，商店内部的照明环境既要创造出独特的购物气氛，反映出商店的品牌定位和品牌文化，又要充分展示出商品本身的质感和价值感，协助顾客完成整个购物过程。因此，店铺的照明设计是一门深奥的艺术（见图7-6）。

图 7-6 DEBRAND 服装专卖店照明设计
（南京新街口商圈）

表7-1 店铺基础色彩对应的心理效果对照表

色彩	联想	对应心理效果
红	血、夕阳、火	热情、火辣、危险
橙	晚霞、秋叶	温情、积极、活力
黄	黄金、黄菊	注意、光明、动感
绿	草木	安全、和平、理想、希望
蓝	海洋、蓝天	沉静、忧郁、理性
紫	紫罗兰、薰衣草	高贵、神秘、优雅
白	雪、云朵	纯洁、朴素、神圣
黑	夜晚、死亡	邪恶、严肃、稳重

一、照明设计的概述

店铺照明设计专门应用于商业店铺空间使用，重点突出展现商品个性，达到照明、引导、宣传、销售等目的，又被统称为商业照明设计。照明设计是卖场氛围设计的重要要素之一。

1. 照明设计的作用

店铺照明可以用来吸引消费者对商品的注意、影响购物行为、降低运营成本。简而言之，照明设计主要有以下作用：

（1）对商品而言，合理巧妙的照明设计可以：①增强商品的色彩与品质感，烘托商品的气氛，提高商品的价值感。

②传达特定购物主题。

（2）对顾客而言，舒适有效的照明设计可以：①便于选购，吸引顾客的注意力。

②构成烘托商品的气氛。

2. 服装店铺内常见的照明分类

店铺照明设计的分类方式多种多样，如根据光源分类，可分为自然光照明与人造光照明；根据灯具类型分类，可分为天花板灯照明、射灯照明、筒灯照明、格栅灯照明等；根据安装方式分类，可分为明装式照明、嵌入式照明、有轨式照明等

（见图 7-7）；根据照明区域分类，可分为墙面照明、柱面照明、陈列照明等；根据照度标准分类，可分为低档照明、中档照明、高档照明。

在店铺设计与规划中，最为常见且应用广泛的分类方式是根据照明设计手法划分的：基础照明、重点照明、装饰照明。

二、照明设计的要素

1. 演色性

演色性又被称为显色性（Color Rendering Index，CRI），指的是光源对物体的显色能力，即光源还原事物本源色彩的能力。其单位符号为 Ra。Ra 数值越大，显色性能越好；反之，显色性越差（一般显色指数 Ra100 是以太阳光为标准）。

在店铺中使用高显色性（Ra80）的光源作为基本原则，但是与采用忠实色的表现方法相比，有时候更希望运用"魅力性的"显示方法，制造一些演色差异。因此，演色性须遵循以下特征：

（1）忠实色（忠实地再现颜色）

以基准光源为根据，表示色彩再现的忠实度的数值为 Ra90 以上，对于再现服饰和化妆品的色彩尤为注重（见图 7-8）。

图 7-7　天花板灯照明、射灯照明、筒灯照明

（2）效果显色

人造光源与基准光源相比较会产生一些颜色差异，如果是为了更加理想的效果，制造色差的方法是可以被使用的。一般要求 Ra80 以上自然的显示方法，例如超市、食品商店等摆放的生鲜、食品等（见图7-9）。

2. 亮度与照度

在店铺照明中，充分把握好店铺主题与选址条件后，进入照明设计的讨论，一般都需要以照度（光的照射量）为中心进行，但是在商业店铺中不光要考虑光的量，还要考虑适当的空间明亮度，并选择与商品相呼应的光（光源）。

并且，店铺内的照度与亮度不同，空间印象也不同，照明设计的亮度变化具有一定的视认性与诱导效果（见图7-10）。

3. 色温与照度

店铺的整体印象是根据色温与照度的环境印象决定的，不同的色彩环境，会影响店铺内色彩的提示效果与感受。如照度高、色温低的空间，往往使人感觉闷热；照度低、色温高的空间，往往使人感受到阴凉（见图7-11）。

因此，我们只有根据店铺的理念考虑配光平衡，才能创造出个性化的店铺空间。

图 7-8　DEBORAH Milano Flagship Store（案例来源：网络）

图 7-9　Bodebo Store（案例来源：网络）

店铺明亮感的直观印象受入射面的店铺壁面的亮度影响。　　　　人的自然视线前进碰到的壁面印象，决定了店铺空间的印象。

图 7-10　照度对比图（左图照度低）

图 7-11　色温与照度对比图（白色条状区域是基本舒适范围）

三、照明设计的布局方式

良好的店铺照明设计是实现促进商业销售功能的前提，现代商业店铺照明一方面是基于物理学对于照明质量和效果的客观评价，并以经过被量化的物理量即照度、色温、照明的均匀性、显色性指数等为标准进行衡量；另一方面则是通过视觉印象以及由视觉印象所唤起的情感、兴趣等非量化的对照明的主观感觉和评价，我们在进行照明布局规划时，需要将两者结合（见图7-12）。

业内普遍接受的照明方式是按照基础照明、重点照明、装饰照明进行布局规划。

1. 基础照明

基础照明也称环境照明，基本含义是确保店铺内必要的、基本的亮度照明。这种方式是给商业环境提供一个视觉整体上的空间照明，用来把整个空间照亮，要求照明灯具的匀布性和照明的均匀性。

伴随着顾客需求的多样化，店铺的形象、演绎的方法和对空间的考虑等，都变得很重视整体的氛围。店铺整体的环境也成为商品的一部分被考虑进去。基础照明位置一般在眺望整体店铺时进入视线的天花板或天花板附近（见图7-13）。

（1）基础照明的设计要点

①一般没有方向性，在店内商品配置改变时，灯具配置不需变更，具有灵活性和适应性。

②店内应有大致一样的亮度，尽量减少暗的场所。

③商品摆放的密度越高，要求照明的均匀性越高。

图 7-12　NIKE 上海旗舰店灯光照明设计

图 7-13　美特斯邦威上海淮海路旗舰店照明设计

④在基础照明与重点照明并用的场所，须采用一定数量的基础照明。

⑤基础照明应选择显色指数较高的光源，尤其对需要识别颜色的商品。

（2）基础照明的设计手法

①天棚照明可采用均匀布灯或单元布灯，使得工作面的照度较均匀（见图7-14）。

②灯具方式可选择嵌入式、悬吊式（见图 7-15）、反射式（注意：如果选择筒灯嵌入式安装做基础照明，宜采用广角配光灯具）。

图 7-14　均匀布灯（上）单元布灯（下）

图 7-15　嵌入式（灯带）与悬吊式（装饰吊灯）结合布灯
（案例来源：网络）

③一般采用反射式照明与向下直接照明相结合的方式（见图7-16），这样操作不仅美化环境还能达到较高的照度（注意：单一反射式照明不宜采用）。

2. 重点照明

店铺空间中的重点照明就是将重点商品或商品的重要陈列场所照亮，以增加顾客的购买欲。

重点照明通常用于表现某商品特性，让商品显得更有魅力。给予具有光泽感的商品以"光芒感"，给予要强调色彩的商品以最接近自然的光，而对于追求外形美观的商品，要给予能强调其轮廓的光，从而使商品的魅力得到最大限度的发挥（见图7-17）。

重点照明的设计要点：

（1）以重点照明为特色的店铺需要采用照度较低的基础照明。

（2）重点照明的照度随商品的种类、形态、大小、展示方法等而定。

（3）为了真实地反映商品的颜色，应采用Ra值高的光源。

（4）应注意重点照明与基础照明要有一定的比例（见表7-2），重点照明的照度一般是基础照明的3—6倍。

3. 装饰照明

装饰照明是指为了点缀、营造特殊氛围或者利用特殊光束来修饰空间而采用的照明手法。这种照明方式不同于日常的功能性和空间表现，通常应用于高端店铺或个性主题店铺，追求日常生活中没有的奢华表现，并演绎出愉悦的轻松感。装饰照明器具包括壁灯、枝形吊灯、装饰台灯和地灯、雕塑品灯和艺术品灯等。

（1）装饰照明的设计要点

①装饰照明是独立的照明手法，它不同于基

图7-16 向下直接照明与反射式照明结合布灯

图7-17 重点商品或商品的重要陈列场所照明（上海淮海路优衣库旗舰店）

本照明和重点照明，其主要作用是装饰艺术效果。

　　②装饰照明不可以代替基础照明和重点照明，这是必须遵守的原则。否则，会削弱消费者对商品的视觉印象。

　　③装饰照明亮度不宜过高，应相互协调。

（2）装饰照明的设计手法

①采用外形美观的灯具设计（见图 7-18）。

②天棚灯图案布置（见图 7-19）。

③吊灯的排列（见图 7-20）。

④墙面灯光版设计等（见图 7-21）。

表 7-2　重点照明与基础照明比例参考与照明

重点照明与基础照明比例	照明效果
2∶1	明显的
5∶1	低戏剧性的
15∶1	戏剧性的
30∶1	生动的
50∶1	非常生动的

图 7-18　造型新颖美观的灯具（上海淮海路某餐饮店铺灯具设计）

图 7-19　造型新颖美观的灯具（上海淮海路某餐饮店铺灯具设计）

图 7-20　兼具美观与功能性的吊灯排列（案例来源：网络）

图 7-21　墙面灯光版设计（上海恒隆广场 Tiffany 快闪店灯光设计）

四、服装店铺照明的规划与维护

1. 店铺照明设计规划要点

（1）掌握店铺的运营内容与售货场所要求采取的照明方式。

（2）店内装潢设计与照明设计应同时进行，并充分协调融合。

（3）根据售货区的总规划和售货场所的主通道分配照明位置与主次。

（4）从消费者的视觉角度提出照明环境的组成等。

（5）参照一定的光学原理是店铺照明设计的

重点。

（6）照明设计是店铺整体规划的点缀和补充，切记不能喧宾夺主。

2. 照明设计流程

店铺的照明设计需要参照规范的流程与计划，主要通过调查研究→构思设计→确定原则→基本设计→图纸设计→实施设计六大过程层层展开（见图7-22）。

3. 照明陈列维护

（1）店铺入口处的光线必须充足明亮。

（2）地面和板墙应该在空白处无光斑。

（3）重点照明必须对准重点商品。

（4）试衣镜前的顾客灯光照明避免顶光效果。

（5）在每次陈列调整后调整灯光照射。

（6）确保灯光没有直接照射到顾客的眼睛。

（7）及时更换损坏灯具。

任务三　服装店铺墙体设计

店铺墙体的构造会提高或降低顾客进入店铺后的直观印象，就像小有名气的店铺墙壁常使用具有精致浮雕的壁纸，大型商场的奢侈品店铺墙壁就可能使用贴面石材，折扣店铺的墙壁一般用普通的平面涂料。

店铺墙面设计的作用一来用以保护店铺墙体，延长店铺使用寿命；二来可以改善墙体的物理性能和使用条件，最终达到美化和装饰的目的。与公共建筑不同，店铺的墙壁除了在门头、出入口、电梯厅等处有相对较大的壁面外，在中厅均被划归为零售区域，因此，其壁面设计整体性不强，基本服从于售卖区的装饰与功能设计（见图7-23）。

一、店铺墙体设计分类

1. 按墙体受力情况分类

店铺内的墙体可分为承重墙与非承重墙，一般而言，承重墙分布于店铺四角或中庭区域，受其建筑自身局限影响，承重墙体一般使用弱化装修或另作功能性使用。非承重墙一般用作隔墙、框架填充墙、幕墙使用。

2. 按墙面装修以及材料分类

店铺墙面装修按其位置不同可分为外墙面装修和内墙面装修两大类。店铺外墙面装修一般分为抹灰类、涂料类、贴面类、板材类等，内墙面装修则可分为抹灰类、贴面类、涂料类、裱糊类等。装饰材料的分类方法也很多，常见的材料分类有按照材料品质划分的低档、中档、高档等。装修类型以及材料的选用直接影响着店铺硬装的风格

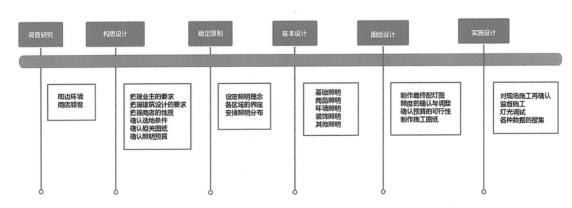

图7-22　店铺的照明设计流程图

图 7-23 JASONWOOD 专卖店墙体设计

与氛围，所以在选择上也要对应好品牌店铺需要传达的理念以及店铺客观环境的要求。

目前常用的店铺壁面装饰材料有：各类陶瓷面砖，花岗岩等天然石材，经过耐候防火处理的木材，铝合金或塑铝复合面材，玻璃、玻璃砖等玻璃制品，以及一些具有耐候、防火性能的新型高分子合成材料或复合材料等（见表 7-3）。

3. 按墙壁功能分类

可将墙壁设计分为功能性墙壁与装饰性墙壁。

（1）功能性墙壁

为实现商品展示的目的，许多服装店铺墙面常与货架或货柜结合，以内嵌式货柜或外插式层板（见图 7-24）作为储藏与展示空间。另外，用于店铺内部分隔空间的隔间墙（例如区分销售区与非销售区，或区分卖场与仓库、休息室及其他）等，都属于功能性墙壁。此类墙壁一般用涂料类或墙纸类刷涂、粘贴即可。有时，为提高店铺空间弹性，也可使用移动门或板墙达到空间分隔的作用。

墙体在功能性上的表现还可扩充为防火、防潮、隔热、隔音等，但一般体现在有功能性要求的建筑物内（如图 7-25 所示，为无锡大剧院的吸音墙面设计），服装店铺墙壁可不计入参考标准。

在对功能性墙壁进行设计时，如与货柜结合，通常货柜与店铺等高，显得整洁规范；如与货架结合，货架高度常不及层高，为达到展示、吸引人的目的，常在墙壁的高处装饰海报、字符或其他装饰物（见图 7-26）。

（2）装饰性墙壁

店铺装饰性墙壁一般用于店铺建筑内部非承重、储物，可作为文化氛围渲染的墙面、柱面。装饰性墙壁不仅能改善店铺内的艺术环境，使人们得到美的享受，同时还需兼有绝热、防潮、防火等多种基础功能，起着保护店铺主体结构与区域分割，延长其使用寿命以及满足某些特殊要求的作用，是现代店铺氛围设计中不可缺少的一部分。装饰性墙壁所用的装饰材料少则上千种，多则近万种，其用途、手法不同，装饰效果也千差万别，传达的信息也不尽相同。

在服装店铺中，常见的装饰性墙壁有以下几种：

①与品牌理念相互辉映的装饰性墙壁。上海MM麦檬专卖店内（见图 7-27），使用浮雕石膏贴面手法，墙面图案纹饰及浮雕肌理造型充满情趣，呼应品牌的理念，营造了色彩淡雅且品位不俗的氛围。

表 7-3　店铺墙壁不同装修类型分类表

装修类型	饰面种类	特性	适用范围
抹墙类墙壁装修	砂浆、石渣浆	施工简易、快速；饰面粗糙、工艺传统	适用多层店铺外墙
贴面类墙壁装修	天然石材、人造石板	装饰性强、耐磨、有质感、抗腐蚀；造价较高、施工要求高	适用中高端店铺、奢侈品店铺、正装或职业装店铺等
贴面类墙壁装修	面砖、玻璃锦砖饰面	装饰性强、耐磨、有质感、抗腐蚀；造价较高、施工要求高	适用中高端店铺、奢侈品店铺、正装或职业装店铺等
涂料类墙壁装修	各种涂料（刷涂、滚涂、喷涂、弹涂等）	施工简单、省时省工、效率高、自重轻、维修更新便捷；涂层薄、抗腐蚀弱	适合普通中端店铺、量贩式快时尚店铺等
卷材类墙壁装修	各种墙纸、墙布等	装饰性强、造价较经济、施工简单、饰面更换便捷、效率高；维持时间较短、易损坏	适合主题更换频率高的年轻品牌店铺、快闪店铺等
铺钉类墙壁装修	木质贴面板（由 0.2—0.5 毫米木片以胶合板为基材粘贴而成）	安装方便、具有天然纹路、美观大方；防火、防潮性能差	适合有定向审美需求的店铺、中高端店铺、高端定制店铺等
铺钉类墙壁装修	金属薄板（薄钢板、不锈钢板、铝板等）	耐久性强、坚固、质轻、易拆卸、风格鲜明；构造复杂、施工要求高、造价较高	适合有定向审美需求的店铺、中高端店铺、高端定制店铺等
铺钉类墙壁装修	石膏板（墙体先刷防潮涂料，再由龙骨连接石膏板面）	造型多变美观、造价经济、质轻；不耐脏、易损坏	适合有定向审美需求的店铺、中高端店铺、高端定制店铺等
特殊工艺墙壁装修	植被墙皮、高新科技材料等	造型前卫、极具创造性、合乎社会性前瞻理念；安装与维护困难、造价高	适合小众原创店铺、有前瞻意义的店铺、有科技支持的店铺等

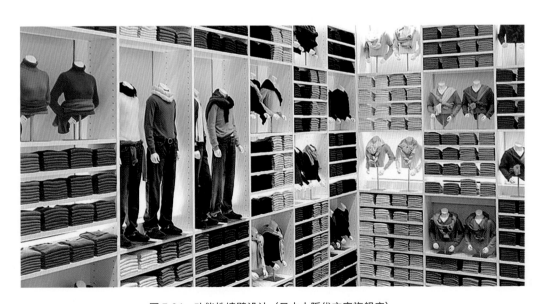

图 7-24　功能性墙壁设计（日本大阪优衣库旗舰店）

图 7-25　WUXI GRAND THEATER 室内墙壁设计（案例来源：网络）

图 7-26　功能性墙壁与货柜、货架的结合
（左图：吉林市始祖鸟北大湖店，右图：广州 Ellassay 品牌店）

图 7-27　MM 麦檬上海旗舰店墙壁设计

②利用光影渲染的装饰性墙壁。南京DEBRAND服装店铺（见图7-28）墙面利用冷色灯光照明条拼合，设计出充满动感、时尚的视觉炫目壁面，营造了一种年轻化、有活力感的沉浸式空间，无疑会吸引一大部分的猎奇人群与年轻群体顾客。

③打破店铺壁面、地面与天花板局限的装饰性墙壁。如图7-29所示，南京无印良品旗舰店内饮品休闲区内庭墙壁使用餐具贴面设计，结合钢化玻璃划分店铺功能区域，进入店铺仿佛走入镜像空间，营造了有趣、清新的购物氛围。

④增强空间环境的时代感和科技感的装饰性墙壁。如图7-30所示，没有明确的墙壁界定，参考航空航天、机械制造和自动控制等方面的技术发展动态，大胆尝试将最新的技术和材料结合运用到自己的店铺设计中去，是参数交互感与超现实店铺大胆前瞻实验。

⑤注重原生态绿色环境的装饰性墙壁。如图7-31所示，Replay Concept Store的设计中，把墙体与人们日益重视保护原生态的全球性焦点融为一体，包括创新性地选用绿色生态建材，自然能源的合理利用，提倡重装饰轻装修等，为顾客营造环保、健康、新颖的购物空间环境。

由此可见，装饰性墙壁设计的审美趋势一方

图7-28　DEBRAND南京中央商场店墙壁设计

图7-29　无印良品南京旗舰店墙壁设计

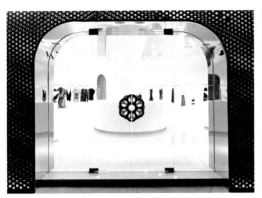

图 7-30　浪漫一身参数化概念性墙壁设计
（案例来源：Wide Angles for BOUYIQUE SHOPS　项目设计：SAKO　项目施工：SAKO　地点：浙江杭州）

图 7-31　Replay Concept Store 墙壁设计
（案例来源：Idea Book　项目设计：Studio 10, Vertical Garden Design　地点：Florence, Italy）

面保留了传统精美纹饰的古典与美观，另一方面随着材料工艺的不断革新，越来越多的店铺墙壁设计也在向科技感与概念性发展，旨在让顾客体验全新的购物环境，在店铺壁面设计与考量中甚至上升到维持生态平衡，合理利用、开发、使用能源等社会问题的高度。当然装饰性固然重要，切不可喧宾夺主，应综合分析店铺平面图使用特点、销售环境、施工工艺、使用管理条件及造价等情况后予以谨慎对待。

二、形象墙体的设计

形象墙是店铺设计的重要组成部分，是反映该店铺品牌最重要的理念与精神的墙壁设计，墙体上常设 logo 标识、品牌海报等内容。投资者为了方便顾客识别，会尽可能地利用空间展示品牌，形象墙一般会成为仅次于店面空间的设计重点。

1. 形象墙的作用

（1）结合导入空间的透明形象墙，反复强调顾客对品牌的认知，加深印象并培养顾客对品牌的忠实度。

（2）形象墙在店铺中作为展示品牌形象和宣传企业文化的载体，是直接展现商品品牌文化和特色的载体，最主要的是可以展示品牌文化理念。

（3）形象墙可以作为隔断墙使用，分隔出多层次的空间。

2. 形象墙的位置

形象墙在店铺的位置根据入口和店铺空间类型而定，具体的形象墙设计没有既定的规则，这里举几个店铺常用形象墙的例子：

（1）面对店铺入口

顾客在店铺外就能看到店内形象墙，这个位置适合面积不大的、店面透明度较高的店铺。面对入口的位置根据店铺形状有所区别，面宽的店铺适合设置在店铺最里面的立面墙；而进深型店铺由于进深尺度较大，可以把形象墙设置在中间位置上，以便顾客在店外能清楚看到形象墙上的信息。

（2）不面对店铺入口

适合店面面积较大和大进深的空间使用，有足够的空间作独立或半透明的店面设计，店内形象墙的位置比较自由，放置在不正对入口的另外的空间位置上，使顾客进入店铺后，随着视线的调整可以递进式加强对品牌的印象。

三、店铺墙壁设计要点

1. 应首要考虑形象墙体的位置规划与墙面设计。

2. 选用店面装饰材料时，应注意所选材质须具有耐晒、防潮、防水、抗冻等耐候性能。

3. 店面装饰材料要易于施工和安装，如有更新要求还应易于拆卸。

4. 外露或易于受雨水侵入部位的连接宜用不锈钢的连接件，不能使用铁质连接件，以免店面出现锈渍，影响整洁美观。

5. 由于店面设计具有招揽、显示特色和个性的要求，因此在选用装饰材料时还需要从材料的色泽（色彩与光泽）、肌理（材质的纹理）和质感（粗糙与光滑、硬与软、轻与重等）等方面来审视，并考虑它们的相互搭配。

任务四　服装店铺天花板与地板设计

天花板以及地板的设计与选择能提高店铺内商品的价值感，也能产生店铺整体的个性氛围效果（见图7-32）。

一、店铺天花板设计

天花板的设计对整个店铺气氛的营造有重要作用。天花板的功能综合性较强，不仅仅要从功能上把卖场的构造梁、管道和电线等遮蔽起来，还兼有照明、音响、空调、防火等功能，更重要的是创造美感，天花板的设计与墙面和地面的装饰造型互相呼应。

1. 天花板的形式与特性

天花板是店铺内设计的重要部位，其设计是否合理对顾客的体验会产生非常大的影响。按照功能性的要求，应该首先考虑消防性能较好的防火材料，如轻钢T型龙骨硅钙板、矿棉板、铝扣板等，按照安装方式可将天花板设计分为悬吊式和直接式（见图7-33），悬吊式天花板造型复杂，所涉及的尺寸、材料、颜色、工艺要求等的表达也较多，造价较高；直接式的天花板设计力求简洁，利用原主体结构的楼板、梁进行饰面造型、工艺的处理。天花板形状的设计通常采用平面、全面通风型。

按照天花板类型，也常分为平板式天花板、造型式天花板、裸露式天花板等（见表7-4）。

2. 天花板的空间维度设置

天花板在店铺空间起定位作用，与地面有着相互对应的关系。在店铺平面布局规划确定之后，天花板就应该表现出与店铺功能分区和客流动线

图 7-32　丰富精彩的天花板和地板设计

图 7-33　左图：悬吊式天花板，右图：直接式天花板

表 7-4　天花板类型参考表

天花板类型	材料和配色	适用店铺	优势	劣势
平板式天花板	三合板、轻钢板、铝合板等多以白色为主，也可定制其他颜色	中小型店铺	施工简单、成本低廉、换装与检修便捷、方便吊装配件	形式单一，个性化创意体现难度大
造型式天花板	三合板色彩可定制	百货店精品店	造型美观、便于体现店铺个性、便于营造店铺情调氛围	施工技术难、成本高、换装检修不易、不便于吊挂配件
裸露天花板	裸露的管道、电线与设备，并辅助喷漆，涂料多以灰色、黑色等深色为主	大型量贩式店铺	节约成本、便于管线维修、便于丰富商品储存空间与展示空间	视觉美观度不高、不节省照明与通风设备的使用电费

组织相关的定位关系。特别是当地面的形式和材料没有明显分区变化时，天花板所表现出来的定位作用就更为重要。

　　天花板在高度上的定位是一个动态因素，这完全取决于店铺的营业面积、空间的比例和形状，并没有固定的高度参数。如果天花板的高度太高，顾客就无法在心情舒畅的状态下购物；高度太低，虽然可以让顾客感到亲近，但也会使其产生一种压抑感。所以，合适的天花板高度对卖场环境是非常重要的（见表 7-5）。

　　3. 天花板的设计要点

　　（1）总体布局应与店铺平面相一致，密切配合平面设计的功能区域，充分发挥天花板对空间的界定作用，合理划分各销售展区的空间层次和引导顾客流向。

　　（2）天花板与地面的不同之处是空间标高的可变性，可利用这一特性在合适的局部创造出各种富有造型变化的空间组成要素。

　　（3）天花板总体色彩淡雅、简洁，避免使用大面积过暗或过亮的材料。颜色过暗会使光的性能降低，过亮甚至刺眼的材料易使人感到不适。局部可以丰富变化，材质的选用要在统一中求变化。

　　（4）天花板设计需要综合考虑多种要素，如建筑的原始条件、空调水电布线、消防、音响设备、灯具布置等。

　　（5）天花板设计除考虑本身具有的材料属性、造型、色彩特性之外，与灯具的设计和布局以及艺术效果关系最为密切。两者应融合在一起考虑。

　　（6）大面积天花板用材一定要用不可燃性材料。如结构架一般采用轻钢龙骨，面材一般使用石膏板、铝型板、水泥纤维板（埃特板）、铝合金扣板、条板、格栅等。

　　（7）天花板造型除了要隐藏杂乱的设备外，还应考虑是否具有美学意义和表现科技的倾向。

表 7-5　天花板高度规划表

营业面积	天花板高度
≤ 50 平方米	2.4—2.8 米
50—150 平方米	2.8—3 米
300—500 平方米	3—3.6 米
500—800 平方米	3.6—4 米
≥ 800 平方米	≥ 4 米

二、店铺地板设计

地板不仅是店铺营造氛围过程中不可或缺的部分，也有实用功能，比如走路安全、保持干净、规避障碍物等。地板设计要配合总店铺的平面设计，划分出走道、各销售区域等主要空间及门厅、试衣间、楼梯间、休息处等辅助空间。

1. 地板的用材特性

店铺地板使用不同材料也会带给顾客不同的购物印象。所以，应当对各种地板材料的分类有清楚的了解，才利于对地板的选用与设计做决定。主要考虑的因素是店铺形象设计的需要、适用范围、费用、材料优缺点等几个因素。地板的选材范围很广，类型丰富。店铺地板设计的功能性上，首先应该考虑防滑、耐磨和易清洁等，常用防滑地砖、大理石、PVC 地板等耐磨材料。除此之外，按照地砖材料分类（见表 7-6），还有瓷砖、塑胶地砖、水泥地、石材地板、木地板等。

2. 地板的图案选用

地板在图形设计上有刚、柔两种选择（见图 7-34）。以正方形、矩形、多角形等直线条组合为特征的图案，带有阳刚之气，比较适合经营男性商品的零售店铺使用；而以圆形、椭圆形、扇形和几何曲线形等曲线条组合为特征的图案，带有柔和之气，比较适合经营女性商品的零售店铺使用。

另外，店铺的销售区一般不宜设计较复杂的图案。走道可以设计一些引导性图案。

重点门厅的地面可以设计一些精美、细致的拼花图案来突出其位置。地面提倡无高差、无阻碍设计。

根据店铺设计需要，地毯、马赛克、鹅卵石、装饰钢化玻璃也常用于地板的局部装饰点缀。所以，局部地板的铺装花纹可以设计得相应复杂与个性化，有利于提升店铺的档次与品牌魅力。

表 7-6　不同材料地板选用的范围、特性和劣势

选用材料	适用范围	特性	劣势
陶瓷地砖	不分店铺类型选用	价格相对较低，耐热、耐水、耐火及耐腐蚀，具有相当的持久性，形状大小可以自由选择	保温性差，对硬度的抗性弱，造价较高
塑胶地砖	经营中低档商品的店铺选用	价格适中，施工较为方便，颜色丰富	易被烟头、利器和化学品损坏
水泥	追求个性的店铺（如工业风）	价格最低，施工简单	创造有个性的购物环境要求较高，灰色调难以衬托商品陈列的效果
石材	经营较高档商品的卖场选用	花岗石、大理石以及人造大理石等外表华丽、装饰性好，耐水、耐火、耐腐蚀	价格较高
木地板	经营高档精品的卖场选用	柔软、隔寒、光泽好	易磨损，不耐脏

图 7-34　地板图形的刚与柔

任务五　服装店铺背景音乐及气味

　　服装店铺的竞争归根结底就是争取更多潜在顾客的青睐，为了进一步凸显店铺的品牌文化及理念。现代潮流审美以及多媒体辅助已经逐渐成长为展现卖场特色的利器。其中，店铺背景音乐与气味便是众多无形渲染店铺氛围中的重要力量。

一、背景音乐

　　店铺的背景音乐会影响人的心情且能制造气氛，音乐也会影响人的购物行为。因为音乐具有极大的情绪感染力和情感传达力，顾客在店铺里能够听到与店内产品风格相同、格调一致的音乐，内心会非常惬意，自然就会多停留一些时间，这对于店铺的营销意义是巨大的。即使顾客没有购物，音乐留下的听觉后效会对顾客产生一定的心理影响，这会帮助顾客加强识记与认知该店铺对应的品牌和相关产品。

　　根据一项调查研究显示：在美国有 70%的人喜欢在播放音乐的零售店铺购物，但并非所有音乐都能达到此效果。调查结果还显示，播放轻柔而节拍慢的音乐，店铺里的销售额会增加 40%，而播放快节奏的音乐会使顾客在商店里流连的时间缩短，从而减少购买的商品，因此很多零售店铺在每天快打烊时，就开始播放快节奏的摇滚乐，预告打烊时间。

1. 背景音乐的作用

　　（1）宣扬品牌文化，营造购物气氛。

　　（2）迎合顾客心理，疏解顾客情绪。

　　（3）缓解员工疲劳。

2. 背景音乐的音量

　　店铺音乐的音量大小标准是以人在店铺内，能既不影响顾客与营业员的销售沟通，又不被店内外的噪音淹没为标准。一般应把音量调至清晰、清楚，切勿超出听力舒适区域而转变成噪音。

3. 背景音乐的播放时段（见表 7-7）

4. 背景音乐的应用参考

　　（1）童装店可播放一些欢快的儿歌。

　　（2）充满青春朝气的服装店铺可以播放时尚流行音乐。

　　（3）复古情调的服装店铺可以播放古典音乐。

表 7-7 店铺中各播放时段适宜的音乐类型

上午	中午	下午三四点	晚七点	打烊前
轻快音乐	热烈强劲音乐	抒情音乐	节奏感强的音乐	节奏感强的音乐

（4）正装及职业装店铺可以播放舒缓优雅的音乐。

（5）可通过视频设备辅助播放企业形象短片及产品广告片。

（6）音响设施配置：电脑或 DVD 播放机一台、环回立体声音箱一组。

（7）音响设施应经常进行维护和清洁工作，以保证使用寿命。

二、气味与通风

气味会影响顾客的感觉与感受，包含快乐、厌恶、饥饿及念旧等。就像花店中有花卉的气味，化妆品柜台有化妆品的香氛，面包店充斥着饼干、糖果及奶油的味道，皮革制品手工部弥漫着的皮革味。舒适良好的气味能够带给顾客与众不同的感觉，所以，营造良好的店铺内气味是至关重要的。

好的气味会使顾客心情愉快，而刺鼻与怪异的气味则会使顾客很快离去。例如在一些新店铺中，刚刚装修留下的油漆味道会让人感到刺鼻，一些纤维类产品也会残留些许工业化味道。在这种情况下，注意保持店内通风尤为重要，其次适当喷洒清新剂也是可取的，不仅有利于除去异味，也可以使顾客产生正面情绪。

1.气味营造标准参考

（1）店铺要有良好的通风设计。

（2）店铺内所释放的芳香气味要与顾客的嗅觉限度相适应。

（3）库存服饰产品需经常检查，以防发出变霉的气味。

（4）试衣间要经常进行清洁，以防发出不良气味。

（5）店铺内各功能区的垃圾杂物应每天清理，防止变质霉臭气味的产生。

（6）营业场所内严禁进食，保持店面形象的同时，也让店铺气味更加纯净。

（7）店铺员工严禁使用浓烈的或气味与本店不相融的香水，以免影响店铺的良好气味。

（8）根据店铺风格和商品协调，适当增添相应芳香气味，如：春夏季营造"海洋"气味，秋冬季营造"森林"气味等。

2.通风设备设计

店铺内客流量会根据外部影响随时变化，因此空气也极易被不确定因素污浊，为了保证店内空气清新通畅，冷暖适宜，应采用空气净化措施，加强通风系统的建设，及时换气，从而保证顾客购物时的愉悦心情。

（1）通风来源分类

通风来源可以分为自然通风和机械通风。

自然通风：采用自然通风可以节约能源，保证店铺内部适宜的空气，一般通风环境较好的小型零售店铺多采用这种通风方式。

机械通风：有条件的现代化大中型零售店铺，在建造之初就普遍采取紫外线灯光杀菌设施、新风系统设备等，来改善零售店铺内部的环境质量，为顾客提供舒适清洁的购物环境。

（2）通风设备设计原则

店铺的通风设备设计应遵循舒适性原则。冬季应温暖而不燥热，夏季应凉爽而不骤冷。反之则会对顾客和店员产生不利的影响。比如北方冬季店铺内暖气充分打开，顾客穿着厚实衣物进入店铺，在店内稍事停留就会感觉燥热无比，还未浏览商品就匆匆离开店铺，这会影响店铺正常销售。

南方夏季的店铺内冷气十足，顾客从炎热的外部世界进入零售店铺，会有乍暖还寒的不适应感，抵抗力弱的顾客难免出现伤风感冒的症状，因此在使用空调时，维持舒适的温度和湿度是至关重要的。

（3）通风设备选择要点

①空调通风系统应该根据零售店铺的规模大小来选择，大型零售店铺可以采取中央空调新风系统，中、小型零售店铺可以设分体立式空调。

②店铺空调通风系统热源选择既要有投资经济效益分析，也要注意结合当时的热能来源，如果有可能采取集中供热，最好予以运用。

③店铺空调通风系统冷源选择要慎重，是风冷还是水冷，是离心式还是螺旋式制冷，都要进行论证，特别要注意制冷剂使用对大气污染的影响。

④在选择店铺通风系统类别时，必须考虑电力供应的程度，详细了解电力部门允许使用空调系统电源的要求，避免出现设备闲置的状况。

⑤店铺的空气湿度参数一般保持在40%—50%，更适宜在50%—60%，该湿度范围使人感觉比较舒适。但对经营特殊商品的营业场所和库房，则应严格控制环境湿度。

⑥店铺的通风设备采买应该注意解决一次性投资的规模和长期运行的费用承受能力。

【任务实施】

任务1：

任意选择两家风格迥异的服装店铺，从氛围营造与店内装潢角度探究其表达方式的差异与视觉呈现的感受。

要求：

1. 结合两家店铺的品牌风格特征、营销模式等客观因素，剖析店铺视觉氛围、感受氛围的类型与表达方式。

2. 分别分析两家店铺内色彩设计、照明设计、墙壁设计、天花板设计等视觉特征与陈列手法，明确店铺氛围营造的基本原则与店内装潢的重要性。

3. 调研方式不限，可线上线下混合。

任务2：

延续前期项目任务实施部分的《店铺空间规划方案》，设置店铺设计主题，按要求细化方案，完善服装店铺氛围构建与店内装饰细节设计企划。

要求：

1. 根据前期调研数据与陈列主题，研究陈列色彩流行趋势，完成陈列主题色彩拼贴板并提取店铺主色调与搭配色调。

2. 店铺色彩定调后，根据店铺各区域特性，结合人体工程学原理与美学原理等内容，挑选可用灯具类型，并构想照射方式。

3. 结合该店铺风格定位与陈列主题要求，设计店内装潢风格、选料构想和软装陈设并完成设计企划汇总。

4. 该模块内容以服装店铺氛围营造与店内装潢设计为主，最终要求学生汇总，并在后期拟定《店铺空间规划方案》。

项目八　服装店铺设计与规划综合实训

【本章引言】

店铺设计是一门艺术，是用实体来创造带有心理情绪的立体空间。从整个店铺的规划到各个位面的设计，需要设计师通盘筹划、耐心细致。

对于一个投资者而言，服装店铺的开发策略成功与否，将左右品牌近五成以上的经营命运。因此，运用先调研后开店的方式，对店铺所处的商圈进行详细的分析，将有助于提高投资的成功率。一份合理、详实的店铺开发可行性报告是服装店铺开发与设计的排头兵。

完成店铺开发分析和选址后，便进入了立体开发阶段，即服装店铺的设计规划与施工。服装店铺的设计应充分地利用有限的空间资源，合理规划和实施卖场的总体布局，最大限度地吸引顾客并便于顾客购买。店铺的空间布局、装潢设计很大程度上会影响和决定服装店铺商品陈列的效果。在店铺的设计规划中，需要根据商品品类、品牌风格、外部环境等展开设计，并绘制符合施工标准的图纸。

【训练要求和目标】

要求：通过本项目的学习与实训，帮助学生明确商圈调研的内容及流程，掌握服装店铺的设计规划流程，了解店铺设计过程中的注意事项。

目标：能够根据预设的服装品牌情况和综合调研结果，完成店铺开发可行性分析报告、店铺设计与规划报告的撰写。

【本节要点】

○　服装店铺开发可行性分析
○　服装店铺的设计与规划
○　服装店铺的 3D 模型与施工图纸的制作

本项目资料、微课及案例资源可扫描本书后勒口二维码学习。

任务一 服装店铺开发可行性报告的撰写

店铺开发的可行性分析是指，为使店铺能够在激烈的市场竞争中生存发展并实现预期的经营目标，投资者在店铺开发之初需进行的一系列调查和分析论证并形成的分析资料。可行性分析是店铺开发前期工作的重要内容，是店铺建设过程中的重要环节，是店铺发展决策中一个必不可少的重要步骤。

一、服装店铺开发可行性报告的主要内容

可行性分析可以通过对项目投资方案的综合分析评价和策略抉择，从技术、经济、社会以及项目财务等方面论述建设项目的可行性，推荐合理的方案，提供投资决策参考，并提出项目存在的问题、改进建议及结论意见。

店铺开发可行性分析的研究内容会由于经营行业的不同而有所区别，但大体研究内容有一定的共通性。一般而言，服装店铺开发的可行性分析主要研究的内容包括以下几个方面：

1. 宏观投资环境与服装市场前景

宏观投资环境是指，对投资在某一区域内的项目所要达到的目标产生影响的外部条件。通过此分析研究，可以较为明晰地发现投资环境中有利或不利因素，投资者可以依此研究决定接下来的投资行为。

2. 地区行业概括分析

地区行业概括分析的内容主要包括该地区的商业运行特点、整体发展状况和趋势、商业网点布局及规模、各种零售业态的优势及比较、外商进入情况等。

3. 地区市场需求情况调查和预测

地区市场需求情况调查和预测的主要内容包括投资地区的人口数量、人口结构、收入水平、消费习惯、消费者心理、对服装商品的需求量等情况。该环节也为后续市场营销策略的研究奠定了数据基础。

4. 地区主要服装店铺的竞争状况调查分析

服装市场的竞争尤为激烈，及时而全面地研究同地区主要竞争对手，掌握竞争对手的经营现状与发展动向是可行性研究的一项重要内容，也是决定服装店铺投资能否成功的关键。

5. 服装店铺业态选择和经营规模分析

零售是服装生产流通的最后一个环节，在本书项目一中介绍了目前服装市场上的多种业态和经营模式。不同的模式在销售宣传上各有优势，也多少存在一定的缺点。投资者需根据地区情况和自身特点（如资金情况、自身经营管理能力等），分析并选择合理的零售业态和经营模式。

6. 服装店铺选址分析

店铺选址是一项长期性的投资，关系到店铺的发展前途，是制定经营目标和战略的重要依据，同时也是店铺立足市场的形象表现和基础。店址选择能够直接影响店铺的经济效益，如果店址选择不当，即使在后续的订货配货、陈列展示、服装搭配等环节做得非常好，也很难达到预期的投资业绩。

7. 服装店铺经营策略分析

服装店铺如何经营好？如何提高消费者的满意度和忠诚度？这是投资者需要考虑的重要问题。服装店铺经营策略分析研究的主要内容包括商品组合策略、价格策略、促销策略、服务策略等。选择适合的策略是服装店铺经营成功的基本保障。

8. 投资估算和筹资方案分析

投资估算是在对投资项目的建设规模、技术

方案、设备方案、工程方案及项目实施进度等进行研究的基础上，估算项目投入总资金（含设计投资和流动资金）。投资估算可以作为制定筹资方案，进行经济评价的依据。准确地估算投资项目所需投资额及选择合适的筹资渠道，是影响门店经营效益的重要因素。

9. 经济评价

由于项目投资资金是有限的，为了更有效地使用资金，就必须尽可能地追求拟建项目的经济效益。经济效益是投资决策的主要依据，在作出投资决策之前，投资者需进行可行性研究，并对投资项目的经济效益进行分析，对各个投资方案进行比较和选优，这种分析论证过程被称为项目经济评价。

10. 服装店铺开发可行性结论

服装店铺开发是否具有可行性，应在上述分析与评价的基础上，对项目进行综合性的分析与论证评价，得出服装店铺开发可行性结论。其主要内容是：

（1）店铺是否有开发投资的必要。

（2）店铺开发的物质条件、基础条件和资金条件是否具备，可以建多大规模的店铺。

（3）店铺的选址，经营模式与经营策略等。

二、实训案例：黑鲸男装形象店可行性报告

企业：海澜之家集团有限公司

设计：申奥、程鸿佳、朱爱军

指导：朱碧空、谢霜

关键词：潮流、创意、趣味

1. 项目分析

服装店铺在投资开发前必须认真调查、研究与拟建项目有关的自然、社会、市场、经济、流行等资料，分析与论证店铺开发所需资金、商业业态、建设规模、店址等重要投资信息，预测并评价店铺运营后的经济效益和社会效益等。综合上述研究与分析的内容，我们可以综合论证店铺开发建设的必要性、财务上的盈利性和经济上的合理性，从而为投资决策提供科学依据。

本次设计项目是为男装品牌黑鲸设立一家面积 100—150 平方米的品牌形象店，首先需要对项目对象进行分析。

（1）项目对象

黑鲸是海澜之家旗下专为都市新青年打造的快时尚男女装品牌，创立于 2017 年。

（2）品牌故事

"黑鲸 HLAJEANS"主张"不妥协 NEVER SAY NEVER"的生活态度，秉承"与众不同"的品牌精神，将引领街头潮流的社群文化与生活乐趣结合，整体设计时尚多元，力争为年轻一代塑造出年轻、乐观、时尚、真实、个性、独立的生活方

式和个体形象。

（3）品牌定位

当下，都市年轻人越来越成为服饰消费的主流，特别是新兴城市成为时尚消费的新增长点。年轻人对于服饰既追求品质也期待性价比，追求百搭也期待设计感。针对年轻人的消费痛点，黑鲸提出"我不是基本款，件件都有料"。面向18岁—35岁的泛"90后"城市新青年，给他们提供设计感与性价比平衡的、超出期待的服装穿着体验。黑鲸作为充满趣味性与创意灵感的年轻品牌，乐于与年轻人热衷的艺术、动漫、综艺、电竞等展开合作，与年轻人一起共创潮流生活方式。

（4）品牌产品线

① 经典系列：在保持品质感与设计感的基础上拥有高性价比，适合年轻人日常穿着。

② 运动系列：采用机能性面料与设计，拥有良好的自由度、功能性和运动感。

③ 联名系列：深入挖掘 IP 背后的文化与精神，用有料的设计重新演绎经典与文化。

（5）现有店铺情况分析

由于品牌的风格和定位，黑鲸目前已开设店铺主要集中在年轻人聚集的商城和街区，例如万达广场上海闵行颛桥店、静安大融城等，都属于目标消费群聚集、行业聚集的商圈。但多为设立在商场内的"店中店"，且面积多为 100 平方米以下。受限于现有店址的客观条件，黑鲸的品牌形象难以得到全方位的展示，店铺产生的宣传和推广效果有待提高。

2. 概念确立

为加强店铺的宣传和推广作用，使品牌能够深入人心，需要在学生、游客集中的人流聚集型商圈开设店铺，以达到开辟顾客群体、拓宽销路、宣传品牌的目的。建议开设 100—150 平方米的中型店铺，在陈列商品之余，能有更多的空间建立个

性化标识和可供顾客"打卡"的地方。店铺选址建议考虑露天街道或商场一楼外开门的铺位，使店铺外立面、招牌等更醒目，并且有更大的设计空间。

3. 市场调研

首先对上海市内满足要求的目标商圈进行信息收集和调研目标筛选。对目标商圈的地区市场需求情况、竞争状况等信息进行收集与分析，并在商圈内设立若干抽样点进行人流量等数据统计和地理位置分析，确立店址和经营策略分析。

4. 撰写报告

对收集的信息进行分析与整理，按照前文的要求撰写服装店铺开发可行性报告。

任务二　服装店铺设计与规划方案的制订

服装店铺的设计与规划是在完成选址等工作后，对店铺实体内部和外部进行科学、合理、艺术的设计，以营造商业活动艺术氛围的行为。服装店铺设计规划的科学性、合理性、艺术性能够直接影响店铺的经营效果。

服装店铺的设计与规划既有整体的布局规划，如一个大型卖场各楼层的划分，每层楼面功能的设计等，也包括局部的细微设计，如柜台的摆放、橱窗的设计、灯光的设计，这需要投资者从技术、艺术和经济等角度分析，选择一个满意的最终方案（见图 8-1）。

一、服装店铺设计与规划方案的主要内容

在完成服装店铺的选址后，需要对店铺进行

实地考察和丈量，充分了解建筑物的概况、位置、周围环境、邻近店铺形象等，以及店内空间情况（如平面形状、尺寸、标高、层数、出入口）等信息，对店铺的设计风格、空间布局、材料要求、

　　Stella McCartney 米兰旗舰店位于米兰知名的潮流金三角中心地带，靠近 Montenapoleone 大街和 SantaSpirito 大街的交叉路口，是名副其实的世界潮流艺术与设计的汇集地。店铺内的设计，采用精巧的雕塑、蜿蜒流淌的金属挂杆以及极具视觉趣味性的几何拼图地板，为整个空间营造出自由、奔放的意境。

图 8-1　Stella McCartney 米兰旗舰店店铺布局与规划

施工注意事项等形成初步设想。在服装店铺的开发中，需要进行设计与规划的地方主要包括以下内容：

1.服装店铺外观设计

美观别致的外观设计，可以使店铺在周边门店的包围中脱颖而出（见图 8-2）。在进行服装店铺的外观设计时首先需要调查邻近店铺的形象，避免与"邻居"们在外观的色彩、形式、照明上类似，做到让人眼前一亮。其次，如店铺为品牌专卖店或加盟店，还需在店铺实际情况和个性化表现的基础上参考品牌门店形象规范，做到风格统一、标准统一，使消费者看到的第一眼就联想到品牌。

店铺外观设计主要包括：

（1）店铺外观设计：在考察和丈量店铺的所在区域的建筑外立面、外部空间和出入口的基础上，对店铺的外部进行与周围环境和谐，合理合规、个性美观的设计（图 8-3）。

（2）门头设计：门头是指店铺在出入口设置的招牌及相关设施，是一个店铺店门外的装饰形式，主要包括招牌、店门、橱窗等，需要参考品牌的形象规范和邻近店铺的形象，因地制宜地展开设计（见图 8-3）。

（3）橱窗设计：橱窗设计包括两个层面，一是在店铺装潢中橱窗的建设，包括橱窗的空间布局、构成形式（封闭式橱窗、半封闭式橱窗、通透式橱窗）、装潢形式等；二是橱窗内部空间的设计与摆放，需要根据各季产品设计的风格、品牌的陈列规范等进行布置。在店铺的外观设计阶段，主要考虑的是第一层面。

2.服装店铺空间规划

对店内空间的使用进行规划设计是店铺内部设计的第一步，此阶段需要经历以下过程：

（1）店铺整体状况评价

具体考察店铺的平面形状，测量开间、进深、层高尺寸，承重墙/柱、隔断墙、门窗、店内台阶等的位置及尺寸，对店铺形成一个平面概念。使用 Auto CAD 软件绘制原始结构图和原始结构尺寸图，为后期的店铺空间布局、店内设计打好基础。

杭州武林路 Designice 旗舰店

该店铺位于武林路路口人流会聚处，7 层楼的旗舰店楼体外立面由上而下采用通透的玻璃制成，其外由网格贯穿整体，营造出整齐划一、简约大气的整体外形。简洁有力的外立面配合由玻璃透出的强烈灯光，使店铺外观富含科技感和时尚感，特别是夜晚在灯光的装饰下令人印象深刻。店头处巨大的品牌 logo 色彩鲜明、造型时尚，十分抢眼。

图 8-2 杭州武林路 Desgnice 旗舰店外观设计

图 8-3　店铺外观及门头设计
（上图：江苏省宜兴市万达广场海澜之家形象店，下图：江苏省江阴市海澜优选生活馆黑鲸形象店）

（2）店铺空间布局

在进行店铺的空间布局时，可先按照空间位置划分为外场、前场和后场三大分区进行初步规划，再完成各大功能区域（客流导入区域、营业销售区域、服务辅助区域）的具体布局，设计要求和原则见本书项目六。

（3）顾客动线分析

顾客动线分析是通道设计以及后期陈列设计的基础。顾客动线是消费者从入口到出口所走的路线，可分为主要动线和次要动线。在参考消费者心理的基础上，应遵循卖场入口、主要动线、次要动线、收银区、卖场出口的顺序进行设计。

（4）通道设计

店铺的通道主要是由墙体、柱体以及各种陈列展具（如流水台、货架、货柜等）和装饰物的摆放而形成的。通道的类型和宽窄与店铺的定位、面积等有直接关系。

在完成上述工作后，需使用 Auto CAD 等电脑设计软件绘制平面布置图（见图 8-4）和区域定位图，用于施工放线、主体结构施工、门窗安装、室内装饰及编制工程预算。服装店铺的平面布置图主要包括如下基本内容：

① 店铺的朝向，平面形状和房间布局。

② 店铺的平面尺寸和轴线间距，如柱距、跨度等。

③ 店铺的结构形式。

④ 主要建筑材料。

⑤ 门窗的编号、尺寸。

⑥ 变形缝的位置、作用。

⑦ 散水、台阶的尺寸等。

如需拆除和新建墙体，还需绘制墙体拆除图、墙体新建图。

3. 服装店铺装潢设计

在上述平面图的基础上，可以借助 3D MAX、Sketchup 等软件建立店铺模型，并使用 Auto CAD 等软件制作立面图、展具尺寸图、地面铺装图、顶面天花板布置图、灯具定位图等。如需在店内设置吧台、洗手间等用水的设施，还需绘制给水改造示意图。

在此过程中，需根据服装品牌形象规范和店铺定位，在如下方面展开设计：

（1）店铺色彩设计

店铺色彩设计中，需要由大到小展开工作，首先确定店铺装修的主体色彩，再分段进行门头的色彩设计（招牌、店门、建筑物外观等）、店内的色彩设计（墙面、天花板、地板等）、展具的色

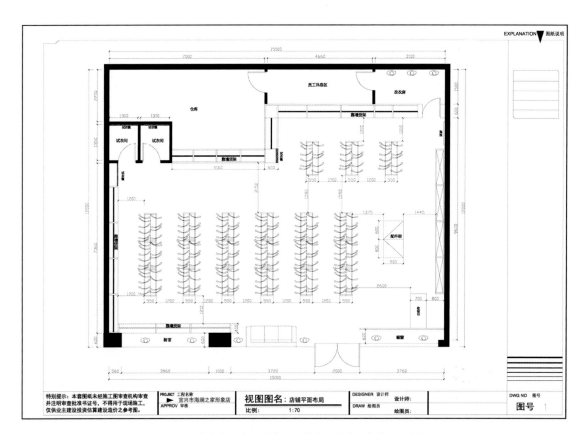

图 8-4　江苏省宜兴市万达广场一楼海澜之家形象的平面布置图

彩设计（货架、货柜、收银台等）。

　　由于店铺色彩的时效性长，在设计过程中，需要充分考虑色彩方案的经典性与搭配性，还需参考邻近店铺的色彩，尽量做到有所差异。

　　（2）店铺照明设计

　　服装店铺的照明设计，通常按照基础照明、重点照明、装饰照明的方式进行分区设计，并根据需要选择合适的灯具。由于各类灯具通常安装在天花板和墙体上（见图8-5），所以在设计与制图工作中，需将这些联系在一起考虑。

　　店铺照明设计的具体工作流程及设计要求见本书项目七相关内容。

　　（3）店铺墙体设计

　　店铺中的墙体分为承重墙和非承重墙，非承重墙可根据空间规划的需要拆除或增添。在服装店铺中，为体现时尚感和独特的风格，墙体的表现除对常规的色彩、材质、机理等进行设计外，还可对墙面，特别是装饰性墙壁、柱面进行创意性设计。而店铺入口、收银台等处的形象墙，通常需要结合品牌 logo、海报（见图8-6）等。

　　（4）店铺天花板、地板设计

　　根据风格和预算的不同，店铺的天花板和地板的设计有多种形式。店铺天花板常见的装潢形式有平板式天花板、造型式天花板、裸露式天花板等。天花板设计需要综合考虑多种要素，如建筑的原始条件、空调水电布线，以及消防设施、音响设备、灯具、新风系统布置等。

　　出于安全考虑，店铺的地面提倡无高差、无阻碍设计，选择防滑、耐用的地板用材，设计上需要综合考虑材质、图案的搭配。为达到销售目的，通道可以设计一些引导性图案；门厅等展示区域的地面可以使用特殊材质或设计一些精美的拼花

图 8-6　江苏省宜兴市万达广场海澜之家
形象店收银台形象墙

图 8-5　不同风格的天花板灯具布置
（左图：江苏省宜兴市万达广场海澜之家形象店，右图：江苏省江阴市海澜优选生活馆黑鲸形象店）

图案，但销售区一般不宜设计较复杂的图案。

（5）店铺展具及装饰物设计

展具是商品展示的载体，装饰物往往是店铺中的点睛之笔。在服装店铺中，主体上使用符合品牌形象规划的统一展具和装饰物，如货架、货柜、流水台等。为适应不同店铺的环境，也为了彰显个性，局部可使用特殊设计的展具和装饰物。如这些展具、装饰物需要在装潢中构建，则需要绘制相应的设计图和立面图，并注明尺寸、材质与建造要求（见图8-7）。

（6）空调通风设备设计

为达到舒适、通风的目的，店铺在建造中，

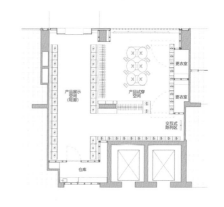
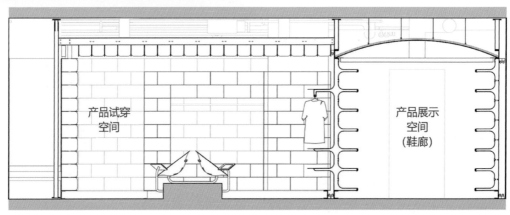

图8-7　墨尔本Sneakerboy旗舰店中特殊的展具设计

需要规划空调设备、紫外线灯光杀菌设施、新风系统设备等。空调通风系统应该根据零售店铺的规模大小来选择，大型零售店铺可以采取中央空调新风系统，中、小型零售店铺可以设分体立式空调。从经济、节能的角度考虑，空调的匹数应与店铺面积相适宜。在进行店铺设计时，需充分考虑新风系统、空调出风口等的布局与设计。

在完成上述工作后，需使用 Auto CAD 等电脑设计软件绘制立面图和地面铺装图、顶面天花板布置图、灯具定位图等结构图纸，用于指导施工及编制工程预算。服装店铺立面图主要包括以下内容：

① 建筑物的外形、高度，门窗、雨罩、台阶等的位置和形式。

② 建筑物的总高、层高、窗台高、窗高等尺寸。

③ 墙面的装饰做法、特殊展具的高度和做法等。

4. 服装店铺软性功能设计

服装店铺设计与规划的内容，除上述必需的硬件设施外，还包括软性功能的设计。软性功能设计是在硬件的基础上，对服装店铺更进一步、更人性化的设置。服装店铺的软性功能体现在顾客对环境和服务的认同上，所以店铺在设计规划时，从店铺的设计到氛围的营造、店员的配置都需要考虑到位。软性功能主要包括店员的形象、话术及服务等，使店员能够体现品牌形象，并与顾客产生良性互动，营造舒适和可信任的环境。另外，对声、色、味的设计也属于软性功能的设置，例如音乐的配合、光影的配合及香氛的配合等可以为店铺营造更温情的氛围。

（1）背景音乐设置

服装店铺在选择背景音乐时，需根据商品的品类、风格等筛选合适的音乐。高档店铺可使用柔和的轻音乐，潮流店铺可使用流行音乐（但不宜局限于某一位歌手），童装店铺可使用儿歌，注意曲调、歌词都应选择健康、积极、柔和的歌曲。背景音乐的音量应控制在适当的范围内，既不可遮盖人声，又不可被外界噪音所遮盖。

（2）香氛设置

店铺初建时，难免会有油漆等不良气味，需注意通风和处理。服装店铺中，不宜产生异味。有条件的可以根据商品品类和品牌风格选择合适的香氛，如童装店常用果香调，女装店常用花香调，男装店常用木质香调。香氛需干净纯粹，不宜与其他气味杂糅，浓度适宜，通常以淡雅为主。

（3）店员形象设计

店员的形象包括仪表、举止、谈吐和服务等，是店铺形象的重要组成部分。店员的外形在招聘时需有一定要求，店员的造型也需有固定标准，包括符合品牌形象的工装、工牌、妆容发型标准等（见图 8-8）。在上岗前，还需对店员进行标准化培训，增强顾客对品牌的信赖度和满意度。

图 8-8　海澜之家店员形象标准

二、实训案例

企业：海澜之家集团有限公司
设计：申奥、程鸿佳、朱爱军
指导：朱碧空、谢霜
关键词：潮流、创意、趣味

1. 项目分析

在已完成服装店铺开发可行性报告的基础上，对已选店址进行丈量，并依据项目要求展开店铺整体设计，使用 3D MAX、Sketchup 等三维设计软件制作店铺模型（条件不允许的也可使用雪弗板等材料制作实物模型），确认方案后使用 Auto CAD 等软件制作施工图。所有设计材料汇总后制作项目方案 PPT。

本次设计项目是为男装品牌黑鲸设立一家面积 100—150 平方米的品牌形象店，依照店铺开发可行性报告对项目对象再次进行分析。

（1）项目对象：黑鲸是海澜之家旗下专为都市新青年打造的快时尚男女装品牌，创立于 2017 年。

（2）现有店铺形象分析：黑鲸现有店铺多为设立在商场内的"店中店"，且面积多为 100 平方米以下。在设计上突出了品牌故事中"质感""时尚""年轻"的特征，门头设计以黑白为主，搭配品牌 logo 的发光字（浅蓝光），简洁明了。但缺乏引人注目的门头设计和令人印象深刻的标识物（如吉祥物、联名 IP 装置等），店铺内部装潢与展陈没有体现出与竞争品牌明显的差异，缺乏引流的美陈（见图 8-9）。

2. 概念确立

为强化品牌印象，提高店铺形象，建议提高店铺设计的差异性，深挖"年轻""潮流"的内涵，参考图 8-10 建立一个能够代表品牌特征的标识物并在店铺中广泛应用。

标识物可以提高店铺的趣味性和吸引力，加深顾客对品牌的印象。在店铺设计中，可以考虑根据品牌的特征独立设计某种标识物，或以 IP 联名的形式，引入某种顾客熟知的形象作为标识。

参考成都国际金融中心建筑外立面设计（见图 8-11），充分利用店铺的建筑外立面，建设有创意性和趣味性的巨大招牌装置，店铺外沿和门头墙体上增设立体的标识物装置。加大橱窗展示空间，并在店门处增设电子屏投放品牌广告、海报等动态广告。

店铺中预留一定空间摆放装饰物品，吸引顾

图 8-9　黑鲸男装店

　　标识物可以提高店铺的趣味性和吸引力，加深顾客对品牌的印象。在店铺设计中，可以考虑根据品牌的特征独立设计某种标识物，或以 IP 联名的形式，引入某种顾客熟知的形象作为标识。

图 8-10　Garfield by fun 店铺中被广泛运用的加菲猫标识

客进店拍照、打卡。

3. 市场调研

　　首先针对竞争品牌（Garfield by fun、BOY London 等）进行市场调研，发现值得参考和学习的设计元素，例如标识物设计、装饰照明设计、墙体涂鸦设计等，绘制草图。考虑到黑鲸是海澜之家旗下的子品牌，为保持总体风格，还需对海澜之家的店铺进行市场调研，了解其独具特色的设计元素，例如招牌，然后绘制草图。

4. 店铺平面规划

　　根据所选店址的实际情况（店外空间、人流情况、店铺形状尺寸、店内空间等），绘制店铺原始平面图。再根据设计和运营要求，对店铺进行平面规划，并绘制店铺平面布置图、室内改造及门窗定位图（见图 8-12）。

5. 建立店铺模型

　　使用 3D MAX、Sketchup 等三维设计软件制作店铺模型。

图 8-11　成都国际金融中心建筑外立面上的网红"爬墙熊猫"

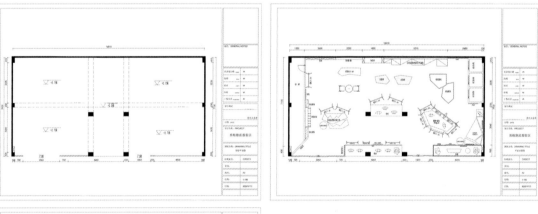

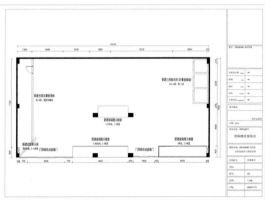

图 8-12　黑鲸形象店的店铺原始平面图、店铺平面布置图、室内改造及门窗定位图

首先，根据黑鲸的品牌名称，设计一个深蓝色的几何切面鲸鱼作为标识物，为体现趣味性，鲸鱼的腹部采用白色钢架镂空结构，展现潮流、酷玩的品牌风格（见图 8-13）。

店铺设计采用以黑、白、灰的中性色为主色调，以银色作为点缀，配以蓝色装饰照明，营造带有赛博朋克风格的深海氛围（见图 8-14）。

为强化顾客对品牌的印象及店铺的风格，将

图 8-13　以"黑鲸"为主题的标识物设计

图 8-14　黑鲸形象店店内设计

鲸鱼标识物以各种形态装置在店铺的各处（如流水台、收银台、天花板、墙壁、门头等），与灯光等搭配作为美陈装置，起到吸引顾客注意、打卡拍照的宣传目的（见图8-15）

门头设计参考海澜之家经典的招牌形象，再融入黑鲸的风格与特色，利用建筑物外立面制作巨型招牌，并将鲸鱼标识物、碎冰等制作成巨型装置安装在高处，营造破冰而出的飞跃感。门头的墙体制作立体的鲸鱼装置，起到画龙点睛的作用（见图8-16）。

6. 绘制立面图和施工图

根据店铺设计模型，使用 Auto CAD 等软件制作展具、板墙立面图和各类施工图（见图8-17）。

7. 制作店铺开发与规划设计方案

整合前期任务材料，制作店铺开发与规划设计汇报方案 PPT，并在课堂上汇报。

图 8-15　标识物在店内的应用

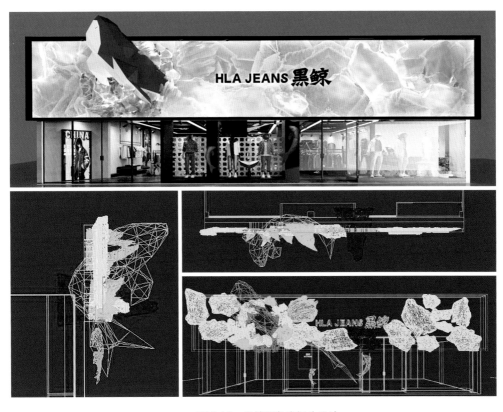

图 8-16　黑鲸形象店门头设计

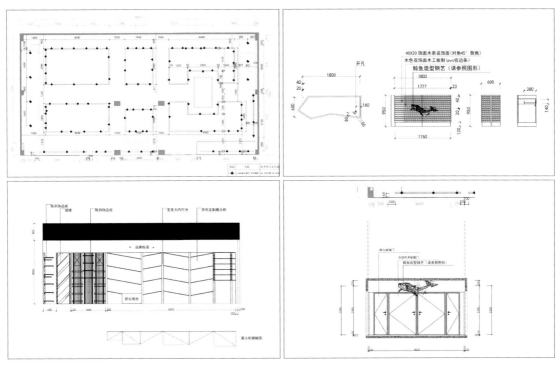

灯具轨道图（上左）与收银台立面图（上右），货架立面图（下）

图 8-17　黑鲸形象店展具立面图与施工图（部分）

【任务实施】

任务 1：

以小组为单位，结合项目三中商圈调研任务内容，为某时尚服饰品牌进行新店开发的可行性分析研究，并撰写报告。

要求：

1. 结合服饰品牌文化与实际情况，进行新店开发研究。

2. 根据实地调研与分析内容，撰写新店开发可行性分析报告。

任务 2：

为某时尚服饰品牌进行新店的空间规划与设计，并使用 3D MAX、Sketchup 等软件建立店铺模型，使用 Auto CAD 等软件制作各类平面图、立面图和施工图。教师可以给定某个空间作为设计基础（例如某家店铺、教室、展厅等），让学生丈量尺寸并进行空间规划。

要求：

1. 对建筑外观、店铺外部环境、店铺内部空间进行观察与丈量，绘制原始结构图。

2. 对店铺进行空间规划，包括顾客动线和通道设计，绘制平面布置图和区域定位图。

3. 建立店铺模型，对店铺的墙体、天花板、地板等进行设计，并绘制立面图、展具尺寸图、地面铺装图、顶面天花板布置图、灯具定位图等。

4. 对店铺软性功能进行设计，包括音乐、香氛选择、店员形象设计等。

5. 整合模型与图纸等，制作服装店铺设计与规划报告，并进行分组讨论。

服装店铺开发可行性报告、服装店铺设计案例、服装店铺设计与规划报告案例，可扫描以下二维码观看。

任务 1　案例

任务 2　案例

参考资料

[1] 托尼·摩根. 视觉营销:橱窗与店面陈列设计 [M]. 毛艺坛,译. 北京:中国纺织出版社,2014.

[2] ID book 工作室编. 名店 [M]. 武汉:华中科技大学出版社,2011.

[3] 李卫华. 连锁店铺开发与设计 [M]. 北京:电子工业出版社,2009.

[4] 钟晓莹. 引爆注意力:更具商业价值的视觉营销 [M]. 北京:中信出版社,2021.

[5] 杨以雄. 服装市场营销 [M]. 上海:东华大学出版社,2004.

[6] 姜立善,李远编著. 展示设计 [M]. 济南:黄河出版社,2008.

[7] 刘秀云主编. 展示空间设计 [M]. 北京:清华大学出版社,2013.

[8] 赵志峰. 商业空间展示设计 [M]. 北京:中国纺织出版社,2019.

[9] 姜雪. 商业空间设计 [M]. 北京:清华大学出版社,2022.

[10] 韩阳. 服装卖场展示设计 [M]. 上海:东华大学出版社,2019.

[11] 凌雯. 创意性服装陈列设计 [M]. 北京:中国纺织出版社,2018.

[12] 汪郑连. 品牌服装视觉陈列 [M]. 上海:东华大学出版社,2020.

[13] DAM 工作室主编. 世界门店橱窗设计 II 服饰篇 [M]. 武汉:华中科技出版社,2016.

[14] 斯特凡诺·陶迪利诺. 商业店面设计 III [M]. 孙哲,李辉,译. 沈阳:辽宁科学技术出版社,2019.

[15] 布兰登·麦克法兰. 全球时尚店铺 [M]. 李楠,贾楠,译. 桂林:广西师范大学出版社,2018.

[16] 漂亮家居编辑部. 室内立面材质设计圣经 [M]. 北京:中国轻工业出版社,2020.